国家核安全局经验反馈集中分析会丛书

核电厂应急柴油发电机组的专题研究

生态环境部核与辐射安全中心　著

中国环境出版集团·北京

图书在版编目（CIP）数据

核电厂应急柴油发电机组的专题研究 / 生态环境部
核与辐射安全中心著. - - 北京：中国环境出版集团，
2024. 9. - - （国家核安全局经验反馈集中分析会丛书）.
ISBN 978-7-5111-6000-3

Ⅰ. TM314

中国国家版本馆 CIP 数据核字第 2024TK4806 号

责任编辑		宾银平
封面设计		彭 杉

出版发行　中国环境出版集团
　　　　　（100062　北京市东城区广渠门内大街 16 号）
　　　　　网　　址：http://www.cesp.com.cn
　　　　　电子邮箱：bjgl@cesp.com.cn
　　　　　联系电话：010-67112765（编辑管理部）
　　　　　发行热线：010-67125803，010-67113405（传真）
印　　刷　北京中献拓方科技发展有限公司
经　　销　各地新华书店
版　　次　2024 年 9 月第 1 版
印　　次　2024 年 9 月第 1 次印刷
开　　本　787×1092　1/16
印　　张　12.75
字　　数　234 千字
定　　价　118.00 元

中国环境出版集团郑重承诺：

中国环境出版集团合作的印刷单位、材料单位均具有中国环境标志产品认证。

编著委员会
THE EDITORIAL BOARD

序 PREFACE

　　《中共中央 国务院关于全面推进美丽中国建设的意见》进一步阐明，为实现美丽中国建设目标，要积极稳妥推进碳达峰碳中和，加快规划建设新型能源体系，确保能源安全。核能，在应对全球气候变化、保障国家能源安全、推动能源绿色低碳转型方面展现出其独特优势，在我国能源结构优化中扮演着重要角色。

　　安全是核电发展的生命线，党中央、国务院高度重视核安全。党的二十大报告作出积极安全有序发展核电的重大战略部署，全国生态环境保护大会要求切实维护核与辐射安全。中央领导同志多次作出重要指示批示，强调"着力构建严密的核安全责任体系，建设与我国核事业发展相适应的现代化核安全监管体系"，"要不断提高核电安全技术水平和风险防范能力，加强全链条全领域安全监管，确保核电安全万无一失，促进行业长期健康发展"。

　　推动核电高质量发展，是落实"双碳"战略、加快构建新型能源体系、谱写新时代美丽中国建设篇章的内在要求。我国核电产业拥有市场需求广阔、产业体系健全、技术路线多元、综合利用形式多样等优势。在此基础上，我国正不断加大核能科技创新力度，为全球核能发展贡献中国智慧。然而，我们也应当清醒地认识到，我国核电产业链与实现高质量发展的目标还有一定差距。

　　"安而不忘危，存而不忘亡，治而不忘乱。"核安全是国家安全的重要组成部分。与其他行业相比，核行业对安全的要求和重视关乎核能事业发展，关乎公众利益，关乎电力保障和能源供应安全，关乎社会稳定，关乎国家未来。只有坚持"绝对责任，最高标准，体系运行，经验反馈"，始终把"安全第一、质量第一"的根本方针和纵深防御的安全理念扎根于思想、体现于作风、落实于行动，才能确保我国核能事业行稳致远。

高水平的核安全需要高水平的经验反馈工作支撑。多年来，国家核安全局致力于推动全行业协同发力的经验反馈工作，建立并有效运转国家层面的核电厂经验反馈体系，以消除核电厂间信息壁垒、识别核电厂安全薄弱环节、共享核电厂运行管理经验，同时整合核安全监管资源、提高监管效能。经过多年努力，核电厂经验反馈体系已从最初有限的运行信息经验反馈，发展为全面的核电厂安全经验反馈相关监督管理工作，有效提升了我国核电厂建设质量和运行安全水平，为防范化解核领域安全风险、维护国家安全发挥了重要保障作用。与此同时，国家核安全局持续优化经验反馈交流机制，建立了全行业高级别重点专题经验反馈集中分析机制。该机制坚持问题导向，对重要共性问题进行深入研究，督促核电行业领导层统一思想、形成合力，精准施策，切实解决核安全突出问题。

"国家核安全局经验反馈集中分析会丛书"是国家核安全局经验反馈集中分析研判机制一系列成果的凝练，旨在从核安全监管视角，探讨核电厂面临的共性问题和难点问题。该丛书深入探讨了核电厂的特定专题，全面审视了我国核电厂的现状，以及国外良好实践，内容丰富翔实，具有较高的参考价值。书中凝聚了国家核安全监管系统，特别是国家核安全局机关、核与辐射安全中心和业内各集团企业相关人员的智慧与努力，是集体智慧的成果！丛书的出版不仅展示了国家核安全局在经验反馈方面的深入工作和显著成效，也满足了各界人士全面了解我国核电厂特定领域现状的强烈需求。经验，是时间的馈赠，是实践的结晶。经验告诉我们，成功并非偶然，失败亦非无因。丛书对于核安全监管领域，是一部详尽的参考书；对于核能研究和设计领域，是一部丰富的案例库；对于核设施建设和运行领域，是一部重要的警示集。希望每位核行业的从业者，在翻阅这套丛书的过程中，都能有所启发，有所收获，有所警醒，有所进步。

核安全工作与我国核能事业发展相伴相生，国家核安全局自成立以来已走过四十年的光辉历程。核安全所取得的成就，得益于行业各单位的认真履责，得益于行业从业者的共同奋斗。全面强化核能产业核安全水平是一项长期而艰巨的系统工程，任重而道远。雄关漫道真如铁，而今迈步从头越。迈入新时代新征程，我们将继续与核行业各界携手奋进，坚定不移地锚定核工业强国的宏伟目标，统筹发展和安全，以高水平核安全推动核事业高质量发展。

　　是以为序。

生态环境部副部长、党组成员

国家核安全局局长

2024 年 9 月

前 言
FOREWORD

习近平总书记在党的二十大报告中指出"高质量发展是全面建设社会主义现代化国家的首要任务",强调"统筹发展和安全""以新安全格局保障新发展格局""积极安全有序发展核电",为新时代新征程做好核安全工作提供了根本遵循和行动指南。新征程上,我们要深入学习贯彻习近平新时代中国特色社会主义思想,以总体国家安全观和核安全观为遵循,加快构建现代化核安全监管体系,切实提高政治站位,站在维护国家安全的高度,充分认识核电安全的极端重要性,全面提升监管能力水平,以高水平监管促进核事业高质量发展。

有效的经验反馈是保障核安全的重要手段,是提升核安全水平的重要抓手。经过多年不懈努力,国家核安全局逐步建立起一套涵盖核电厂和研究堆、法规标准较为完备、机制运转流畅有效、信息系统全面便捷的核安全监管经验反馈体系。经验反馈,作为我国核安全监管"四梁八柱"之一,真正起到了夯实一域、支撑全局的作用。近年来,为贯彻落实党的二十大和全国生态环境保护大会精神,国家核安全局坚持守正创新,在经验反馈交流机制方面有了进一步的创新发展,建立并运转经验反馈集中分析机制。通过对核安全监管热点、难点和共性问题进行专题探讨,督促核电行业同题共答、同向发力,有效推动问题的解决。

核电厂安全的保障在于各种事故工况下安全相关系统能够可靠地执行其设计安全功能,而安全功能的实现离不开应急动力源的可靠供给。能动核电厂的应急动力源普遍由应急柴油发电机组提供,非能动核电厂的应急动力源虽然由安全级蓄电池提供，但作为纵深防御措施，还是配备了非安全级的备用柴油发电机组。在各类事故工况叠加而丧失厂外电源的情况下，应急柴油发电机组和备用柴油发电机组的可靠运行对于核电厂安全至关重要。

近年来，我国红沿河、宁德、阳江、海阳、三门等多个核电厂发生了多起应急柴油发电机组或备用柴油发电机组故障乃至重大机损的事件，对核电厂安全稳定运行造成重大挑战。一旦应急柴油发电机组故障无法在短时间内修复，就需要将机组后撤或维持在停堆状态，甚至需要对应急柴油发电机组进行整机更换。生态环境部（国家核安全局）历来高度重视核电厂应急动力源的可靠性，对核电厂应急动力源和替代动力源的配备提出了明确的法规要求。福岛核事故发生以来，国家核安全局发布了《福岛核事故后核电厂改进行动通用技术要求（试行）》，针对极端外部事件下的移动供电设施等提出要求。针对近年来我国核电厂应急柴油发电机组故障频发，设备可靠性水平亟待提升，部分核电机组存在不执行柴油机系统运行试验或执行不够，对柴油机的设计工况和能力验证不够等问题，国家核安全局适时开展了应急柴油发电机组集中分析研讨，并形成专题研究报告。

本书对核电厂应急柴油发电机组进行了全面梳理，内容涵盖核电厂应急动力源和替代动力源的法规、标准要求，应急柴油发电机组的主要安全功能，我国核电厂各类柴油发电机组以及替代交流电源（AAC）的配置情况，应急柴油发电机组定期试验标准，以及我国核电厂应急柴油发电机组的可靠性和可用性水平。此外，本书还对国内外应急柴油发电机组相关事件进行了统计分析和典型事件研究，对我国相关核电厂应急柴油发电机组技术改造等良好实践进行了总结。本书针对我国应急柴油发电机组在设计、制造、运行、试验、维修活动中存在的问题提出了多项改进建议。

本书共 10 章。第 1 章由焦峰编写；第 2 章由杨志义、李天泽、张奇编写；第 3 章由褚倩倩、侯秦脉、张奇编写；第 4 章由毛欢、初永越编写；第 5 章由陈子溪、陈金博、焦峰、张奇编写；第 6 章由初永越、焦峰编写；第 7 章由吴彦农、郑丽馨、焦峰编写；第 8 章由杨未东、侯秦脉编写；第 9 章由刘时贤、侯秦脉编写；第 10 章由郑丽馨编写。全书由焦峰、郑丽馨进行统稿，由李娟、依岩、毋琦进行校核，严天文、柴国旱、殷德健对全书进行了审核把关。

　　本书在编写过程中得到了生态环境部（国家核安全局）的大力支持。同时，对中核集团、中国华能集团、国家电投集团、中广核集团等相关单位的支持，以及侯英东、陶书生、李洋、林凌等的辛勤付出表示衷心感谢！

　　本书在撰写过程中对我国核电厂应急柴油发电机组、备用柴油发电机组等内容开展了广泛、深入的调研，虽竭尽所能，但作者毕竟学识水平有限，书中难免存在疏漏或不妥之处，深切希望关注核安全的社会各界人士、专家、学者以及对本书感兴趣的广大读者不吝赐教、批评指正。

编写组

2024 年 8 月

目　录
CONTENTS

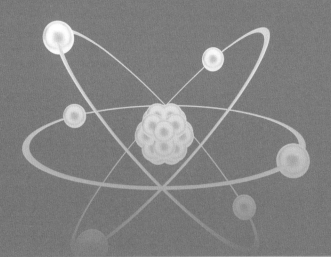

第 1 章

应急柴油发电机组系统

　　核电厂的应急柴油发电机组（EDG）是能够自动快速启动、按程序带载的应急交流电源。目前我国已运行核电厂及大部分在建核电厂（非能动核电厂除外）的应急柴油发电机组一般都具有核安全功能，属于安全级设备，在设计、制造、调试、运行、维护等方面有着严格的要求，以保证应急运行的可靠性。

　　一般情况下，能动核电厂每台机组至少配备两台相互独立的应急柴油发电机组，并分别为两条相互独立的应急母线提供中压电源。典型的二代改进型核电厂厂用交流电源配电简图如图 1-1 所示。反应堆功率运行时，两台应急柴油发电机组均处于热备用状态，柴油发电机组的主要设备由电加热器加热，所有控制系统处于通电状态，随时具备启动条件。当高压厂用变压器提供的正常电源和高压厂用辅助变压器提供的后备电源失效时，应急柴油发电机组能够自动为相关设备提供可靠的应急电源，以确保反应堆安全停堆、防止重要厂用设备因为厂用电源的丧失而造成损坏。由于热备用的要求，应急柴油发电机组的机电设备处在不断老化的状态，其可靠性对于长期运行的设备而言，是需要关注的问题。

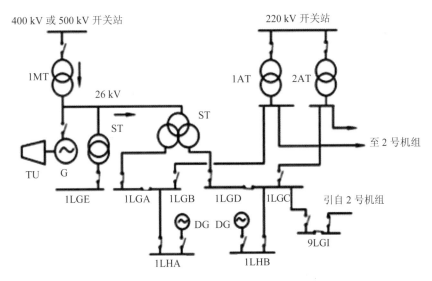

MT—主变压器；ST—厂用变压器；TU—汽轮发电机；G—发电机；AT—辅助变压器；
LGA/B/C/D/E—中压母线；LGI—共用厂用设备母线；LHA/B—应急母线；DG—柴油发电机组

图 1-1　典型的二代改进型核电厂厂用交流电源配电简图

　　应急厂用设备包括安全级厂用设备和主设备安全厂用设备两类，它们是保证核安全和核电厂主要设备安全运行所必需的设备。安全级厂用设备是核电机组发生故障时，为维持核电机组处于安全状态，从核安全角度讲所必需的厂用设备，如安注泵、余热排出泵、应急给水泵等；另外还包括与核安全无关，用于保障电厂重大设备的安全，以维持发电设备在可运行状态的厂用设备，如发电机组润滑系统、汽轮机盘车、汽轮发电机系统、密封系统等。

应急厂用设备在两个厂外电源均失效时，需要由厂内应急电源供电，以保证核电厂的安全。应急交流负荷由应急柴油发电机组供电的中压、380 V 交流系统供电。应急直流负荷由直流电源系统供给。需要不间断供电的交流负荷由交流不间断电源系统供给。

应急柴油发电机组包括应急柴油发电机组本体、辅助系统和仪控系统三部分，能接受电厂信号控制，按要求向电厂提供应急电源，并向电厂反馈机组的各种运行状态。应急柴油发电机组本体指柴油发动机、发电机、励磁机直至输出断路器等。应急柴油发电机组的辅助系统是保证柴油发电机组本体正常、安全而又可靠运转所必需的气、油、水供应和循环的系统。应急柴油发电机组的仪控系统是指为柴油发电机设备运转提供必要电源、控制、调速、盘车、励磁和电气保护的电气设备，能够实现柴油发电机的转速调节、逻辑控制、电气保护、状态监视、事件记录、同期并网等相关功能。

以陕西柴油机重工有限公司（以下简称陕柴公司）制造的 12PC2-6B 型应急柴油发电机组为例，其设备组成示意如图 1-2 所示。

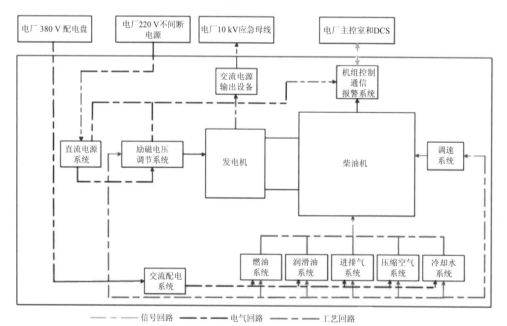

注：DCS 指分布式控制系统。

图 1-2　应急柴油发电机组的设备组成示意

1.1　应急柴油发电机组本体介绍

柴油机是内燃机的一种类型，工作时柴油以高压雾状喷入燃烧室内燃烧，放出热能，通过高压燃气膨胀将热能转变为机械能。尽管柴油机具体结构千差万别，但其基本工作情况是一样的，气缸盖、气缸套和活塞等共同组成一个密封的空间——燃烧室，新鲜空气经进气阀进入燃烧室后，关闭气阀，通过压缩来提高空气温度。当柴油喷入时，则立即与高温的空气混合燃烧。燃烧产生的高压气体推动活塞在气缸内运动，然后通过连杆把力传给曲轴，并把活塞的直线往返运动转变为曲轴的旋转运动，从而带动发电机运转，因此又把活塞、连杆和曲轴称作传递动力组件。为了保证柴油能够在燃烧室内进行燃烧和做功，除燃烧和气体膨胀做功的过程外，还必须有一系列其他过程，如进气、压缩、排除废气等来配合，才能使柴油机连续不断地工作，这个过程可以在四个活塞冲程内完成，这样的柴油机称为四冲程柴油机，也可以在两个活塞冲程内完成，这样的柴油机称为两冲程柴油机。

根据应急柴油发电机组配置方式不同，可分为一台柴油机驱动发电机［一拖一，如秦山核电使用的大连中车柴油机有限公司（简称大连中车）16V240ZDA 型应急柴油发电机］、二台柴油机驱动发电机（二拖一，如大亚湾核电使用的瓦锡兰 UD45V12 型应急柴油发电机）等不同形式。

下面以陕柴公司制造的 18PA6B 系列柴油发电机组为例进行简要介绍。该柴油机组使用的柴油机为四冲程、直喷、压燃式、水冷、废气涡轮增压、空气中冷、逆时针旋转的柴油机，18 缸呈 V 形布置。18PA6B 系列应急柴油发电机组性能参数见表 1-1。

表 1-1　18PA6B 系列应急柴油发电机组性能参数

持续功率	6 300 kWe
短时功率	6 930 kWe
机组额定容量	7 875 kVA
机组额定电压	6 600 V
相数	三相
满负荷功率因数	0.8
额定频率	50 Hz

额定转速或总速	1 000 r/min 或 500 r/min
稳态电压调整率	±2%
瞬态电压调整率	−15%～+20%
电压恢复时间	≤2 s
稳态频率调整率	3%
瞬态频率调整率	±10%
频率恢复时间	≤3 s
稳态频率波动率	±0.5%

柴油机固定机件主要包括气缸盖、气缸套、机体（气缸体的曲轴箱）及机座，其作用是保证运动件的相互位置，并构成燃烧室、气道、水道、油道，以保证燃烧、换气、冷却和润滑的需要，气缸盖及气缸套示意图见图 1-3 和图 1-4。

柴油机运动件由活塞组件（图 1-5）、连杆组件（包含连杆螺栓及螺母，图 1-6）、曲轴（图 1-7）组成，其作用是将热能转变为机械功，燃料燃烧的气体压力使活塞做直线运动，通过连杆转变成曲轴旋转运动而对外输出有效功。旋转的曲轴又使活塞不断地往复运动，从而保证了连续地实现柴油机的工作循环。

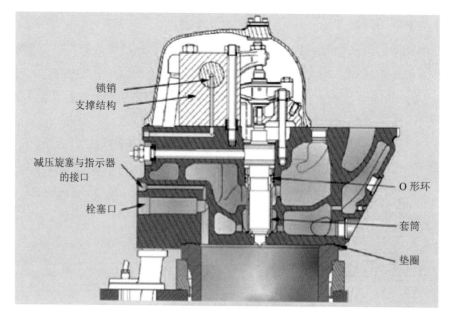

图 1-3　气缸盖示意图

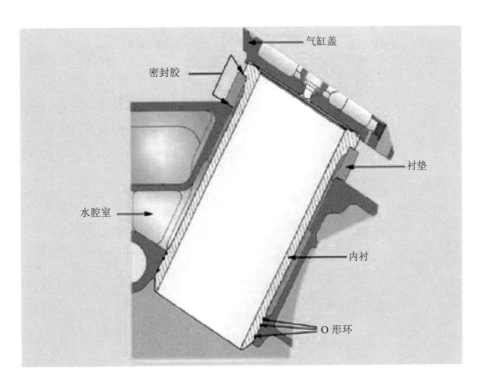

图 1-4　气缸套示意图

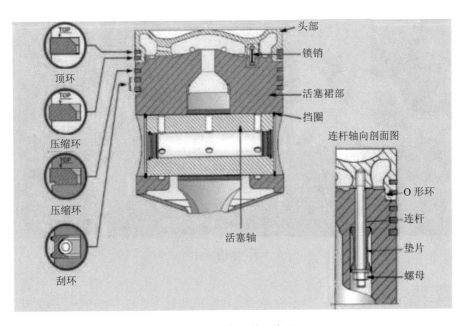

图 1-5　活塞组件示意图

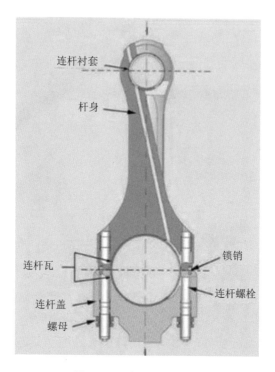

图 1-6　连杆组件示意图

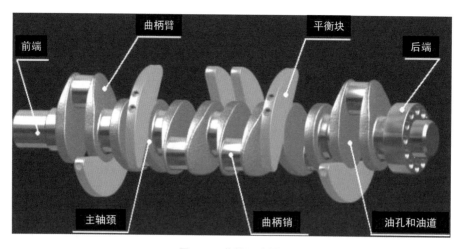

图 1-7　曲轴示意图

　　燃油系统由机带燃油泵、燃油自净滤器、高压油泵、喷油器等组成，其作用是根据柴油机运转工况的需要，将适量的清洁燃油，在一定的时间内，以适当的雾化状态喷入燃烧室，与空气形成混合气体，产生燃烧的有利条件。

润滑油系统由机带润滑油泵、润滑油自净式过滤器、润滑油道等组成，其作用是给各运动部件提供润滑油润滑，同时冷却活塞。润滑油经过润滑油自净式过滤器后进入润滑油总管，从润滑油总管进入各档主轴承、润滑主轴承，大部分润滑油通过曲轴的油孔进入连杆大端、润滑连杆瓦，同时润滑油通过连杆杆身的油道进入连杆小端、润滑连杆小端衬套，润滑油通过活塞销进入活塞、冷却活塞顶，最后从活塞中间孔落回油底壳，见图 1-8。

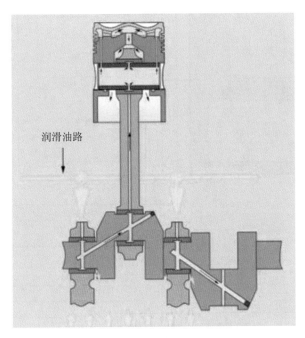

润滑油路

图 1-8　润滑油系统主油路

1.2　应急柴油发电机组的仪控系统和辅助系统

应急柴油发电机组的仪控系统由安全级控制柜、非安全级控制柜、非安全级服务器柜及配套设备组成。应急柴油发电机组的仪控系统接口配置示意如图 1-9 所示。安全级控制柜和非安全级控制柜的功能主要有控制柴油机的正常启动、停机、运行联锁及应急启动、停机等；监视机组进排气、压缩空气、润滑油、燃油、冷却水系统以及发电机热工参数等，并输出报警；采集电流、电压、频率、功率因数、有功功率、无功功率等信号。

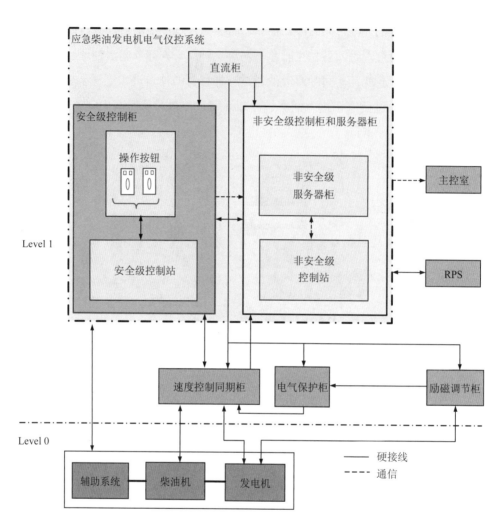

注：RPS 指反应堆保护系统；Level 1 和 Level 0 是数字化仪控系统的设备分层表述，分别指 1 层和 0 层。

图 1-9   应急柴油发电机组的仪控系统接口配置示意图

应急柴油发电机组的辅助系统主要包括燃油系统，润滑油系统，高温水系统，低温水系统，压缩空气启动系统，进、排气系统等，图 1-10 所示为应急柴油发电机组的辅助系统配置简图。

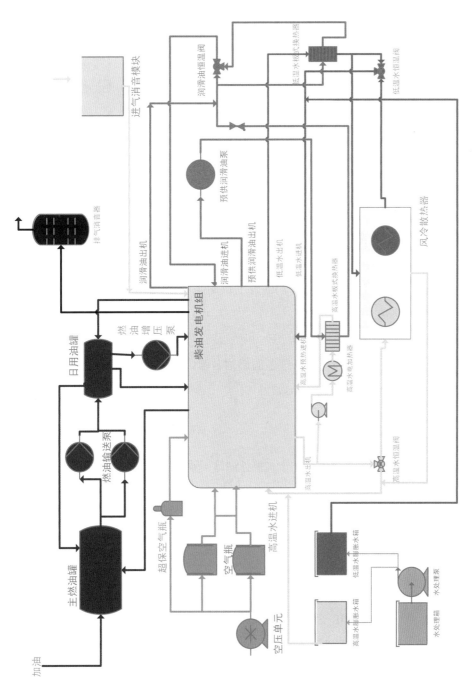

图 1-10 应急柴油发电机组的辅助系统配置简图

下面就相关系统分别进行介绍。

1.2.1　燃油系统

每台柴油发电机组均设置一个主燃油罐,其容量可满足柴油发电机组以额定功率输出时可靠地运行 7 d 的用油量。主燃油罐所需的油由油罐车给予补充。主燃油罐设有注油管道,由一个快速管接头与其相连,注油管与油罐车连接处装有滤油器。

柴油发电机组运行时,用两台 100% 容量的电动泵从主燃油罐连续地向安装在柴油机上面的日用油罐供油。日用油罐的容量足以供柴油发电机在 1.1 倍额定功率下运行 1～4 h。

柴油发电机组有两条完全独立的管线,从日用油罐向柴油机供油:

1)一条管线上装有一台柴油机驱动的主供油泵。

2)另一条管线上装有一台电动驱动的辅助供油泵。在主供油泵发生故障的情况下,由辅助供油泵给柴油机供油。

燃油经滤油器过滤,成为清洁燃油后,向安装在每个气缸上的独立的燃油喷射泵注油。在总导管上有压力释放阀,其将过多的燃油分流,返回到主燃油罐,以控制管道的压力。

1.2.2　润滑油系统

润滑油系统是由润滑油管道、润滑油服务油罐与润滑油使用点组成的封闭型自循环系统。

柴油机的润滑油由润滑油服务油罐供给,由人工向润滑油服务油罐补充润滑油,润滑油服务油罐的容量能保证柴油发电机组在额定功率输出时运行 7 d。

润滑油服务油罐的罐体附件包括一条加油管、一条装有阻火器的排气管、两条供油管、四条回油管及一条装有排放阀的排放管。

为了保证一旦接到启动信号,柴油机便可快速达到满功率运行,当柴油机处在备用状态时,要保持柴油机的润滑油预加热和连续地循环。用高温水/油热交换器加热润滑油,将润滑油加热至预定温度。用预润滑油循环泵使润滑油连续地循环。

柴油机正常运行时,主润滑油泵使润滑油在润滑回路中循环。安装板式热交换器,用低温水冷却润滑油。温控阀用来调节系统的润滑油温度,将温度控制在规定范围内。

1.2.3　高温水系统

高温水系统主要包括以下功能：

1）运行状态时，用高温水泵使高温水循环，以排出柴油机的气缸体及涡轮增压器产生的热量；由冷却器和风机组成的空气/高温水冷却器组或海水冷却的管壳式换热器将高温水温度降低；根据进水的温度，由温控阀控制流经冷却器组的水流量；在泵的吸入管上装有高温水膨胀水箱，以使管道稳压，并防止泵的气蚀。

2）备用状态下，用高温水预热泵使高温水循环，通过高温水/油热交换器以加热润滑油，保证柴油机的预加热。

1.2.4　低温水系统

用低温水泵使低温水循环，用来冷却涡轮增压器的空气冷却器及润滑油冷却器；由冷却器和风机组成的空气/低温水冷却器组或海水冷却的管壳式换热器，将低温水温度降低至规定温度；通过温控阀控制流经冷却器组的水流量；在泵的吸入管上装有低温水膨胀水箱，以使管道稳压，并防止泵的气蚀。

此外，设置一个水处理箱，通过水处理泵为高温水系统和低温水系统调节注水和补给水。

1.2.5　压缩空气启动系统

每台柴油机设置两套独立的压缩空气启动系统，每个系统都能够单独启动柴油机。

一般而言，每个独立的压缩空气启动系统均设有一套空气压缩机（简称空压机）成套装置，它主要包括一台电动空压机、一台压缩空气干燥器和一个启动空气瓶。部分机组的两套压缩空气启动系统共用一台空压机。

空压机能在 70 min 内将启动空气瓶充满压缩气体，气体压力从大气压充到 4.0 MPa。每个启动空气瓶内压缩气体的压力范围，应满足在每个柴油机上使用一个系统连续启动 5 次，每次启动时间在 10 s 以内，不需给启动空气瓶充气。

此外，该系统还配备一台超保空气瓶，用于柴油机超速保护，当监测到超速工况时，打开超速停止气动阀，用空气制动气缸。

1.2.6　进、排气系统

进气：用两个涡轮增压器，从柴油发电机房吸入柴油机的燃烧空气。气流经过空气过滤器和冷却器加以过滤、冷却进入气缸。

排气：气缸头部排气收集到集气管中，驱动涡轮增压器的涡轮，使进气增压。由涡轮增压器排出的废气经消声器排至室外。

1.3　应急柴油发电机组厂房工艺布置

每台柴油发电机组及其有关的辅助设备都安装在一个独立的厂房内，其典型的布置结构如图 1-11 所示，各房间主要工艺系统布置如下：

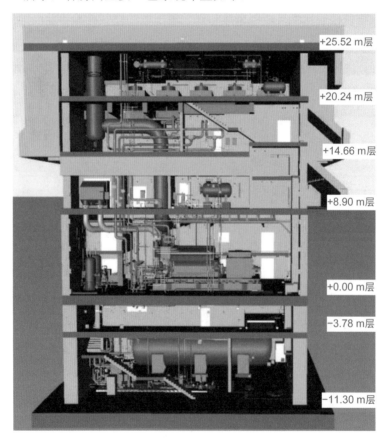

图 1-11　柴油发电机组厂房工艺布置

柴油发电机组厂房的-11.30 m层内主要布置主燃油罐、燃油输送泵、燃油双联过滤器、预润滑油泵、高温水电加热器、高温水预热泵、高温水/润滑油换热器、低温水/润滑油换热器、系统管道等设备。

柴油发电机组厂房的-3.78 m层内主要布置超保空气瓶、系统管道、连接电缆等设备。

柴油发电机组厂房的+0.00 m层内主要布置柴油发电机组、空压机、空气启动气瓶、进气管、系统管道等设备。

柴油发电机组厂房的+8.90 m层内主要布置日用油罐、燃油增压泵、进气过滤器、系统管道等设备。

柴油发电机组厂房的+14.66 m层内主要布置排气管、冷却水管道等设备。

柴油发电机组厂房的+20.24 m层内主要布置排气消音器、高温水膨胀水箱、低温水膨胀水箱、水处理箱、风冷散热器、水处理泵、系统管道等设备。

柴油发电机组厂房的+25.52 m层为厂房屋顶，布置有排气管、燃油罐透气管设备。

第 2 章

应急柴油发电机组的安全功能及鉴定要求

2.1　应急柴油发电机组的安全功能

根据《核动力厂设计安全规定》（HAF 102—2016）的规定，核动力厂应设有应急动力源，以便在任何预计运行事件或设计基准事故下一旦丧失场外电源时提供必要的动力供应。典型能动核电厂的应急动力源一般由应急柴油发电机组承担，非能动核电厂的应急动力源一般由安全级蓄电池承担，以下进行分别介绍。

2.1.1　能动核电厂应急动力源

作为典型能动核电厂的应急电源，当核电厂失去厂外电源或者触发安注/安喷信号时，应急柴油发电机组快速启动并在设计要求时间内达到规定的频率值和电压值，然后根据需要连接到应急母线上，按照事先设定的带载逻辑给相关安全系统设备供电，以确保反应堆的安全功能，避免产生严重后果。每台应急柴油发电机组均可满足以下功能：

1）在失去厂外电源的情况下，向应急厂用设备供电，使机组安全停运而不损坏设备。例如，保证反应堆的冷却。

2）在失去厂外电源，反应堆发生事故（如丧失反应堆冷却剂）的情况下，为保障堆芯应急冷却及尽量减少放射性污染向环境释放，向必需的安全级设备供电。这是通过在设计要求的时间内向应急供电母线恢复供电来达到的。

以典型二代核电厂为例，当所有外部电源出现故障时，两组应急配电装置由应急柴油发电机组供电，此外安注信号、安全壳压力高高等信号也可直接触发应急柴油发电机组启动，启动逻辑示意图如图 2-1 所示。

应急柴油发电机组启动后，其保护系统能够触发自动和瞬时保护动作，以防止或限制设备的损坏，并且在故障消除后，使得设备重新运转。应急柴油发电机组在应急带负荷运行时，仅投入超速、发电机差动保护及润滑油压力低保护。当柴油发电机组在非应急运行状态（如定期试验）下，以下任一保护动作也将触发柴油发电机跳闸或停机。

电气保护：

—发电机差动保护；

—发电机过负荷；

—过电流；

—发电机失磁；

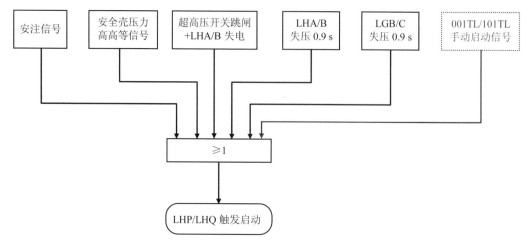

图 2-1　应急柴油发电机组启动逻辑示意图

—逆功率；

—过电压；

—低电压；

—频率高/低；

—发电机定子接地故障；

—发电机轴承温度过高；

—发电机绕组温度过高；

—超速保护；

—励磁系统故障；

—手动应急停机。

柴油机的保护：

—柴油机曲轴箱油压过高；

—柴油机的冷却水温度高高；

—柴油机的冷却水压力低；

—柴油机的润滑油储槽油位低；

—柴油机润滑油系统温度过高；

—柴油机润滑油系统压力低；

—柴油机的燃油压力低；

—柴油机的轴承温度高；

——柴油机排气或涡轮增压器进出口温度高/低。

应急柴油发电机组手动并网时的控制地点及方式包括主控室、紧急停堆盘和就地。应急柴油发电机组停机应就地控制。

应急柴油发电机组因为需要应对某些进程较快的事故（如大破口丧失冷却剂事故），所以在接到启动要求时，其应具备在短时间（10～15 s）内带载相应负荷并执行安全功能（如安注等）的能力。一旦应急柴油发电机组处在准备好状态且应急母线"失压"信号持续 7 s 以上，应急配电装置的正常供电断路器断开，切除应急厂用设备，应急供电断路器随后闭合，被切除的厂用设备重新加载。按照不同的工况，加载时间和加载顺序不同，时间持续 30～40 s。图 2-2 所示为典型核电厂一台应急柴油发电机组带载清单。

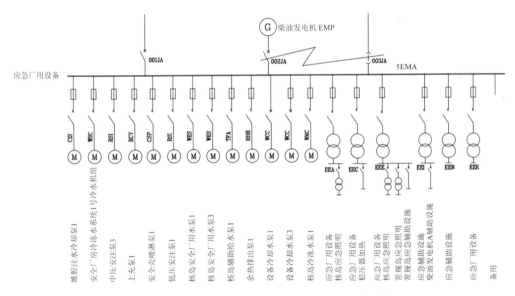

图 2-2　典型核电厂一台应急柴油发电机组带载清单

为实现安全功能，应急柴油发电机组的额定功率和带载清单基于以下三类事件/事故确定：

——中压应急配电装置失电，由应急母线上的"失压"信号来检测；

——中压应急配电装置失电，同时出现需要启动安注系统和辅助给水系统的任何事故，通过"失压"和"安注"信号判断；

——中压应急配电装置失电，同时出现需要启动上述系统和安全壳喷淋系统的任何事故，通过"失压"+"安注"+"安全壳内压力高高"信号判断。

为保证核电厂应急柴油发电机组在紧急状态下的启动和运行可靠性，应急柴油发电机组应满足以下基本安全要求：

1）在正常的维护保养下，设计寿命满足 40～60 年的要求。

2）必须具备黑启动能力，即柴油机可不依靠外部电源启动和运行。

3）通常对启动成功时间有强制要求，在规定时间内达到额定频率和电压，通常为 10 s 或 15 s。

4）针对柴油机本体具有一项强制要求，每个气缸配置单体高压油泵，一个高压油泵的故障不应导致柴油机停机。

5）系统设计体现冗余性，如压缩空气启动、燃油输送等设备或系统设置一用一备。

6）重要控制逻辑，防止误报，选择 3 取 2 控制方法。

7）系统设计中需体现核级与非核级系统/回路的隔离。

8）系统中的核级设备，均应满足相应的核级要求，进行核级鉴定。

9）具备抗地震能力。

核电厂应急柴油发电机组的主要技术特点可概括为：大容量（6 000～10 000 kW）、高可靠性（鉴定要求连续执行 100 次启动带载试验而无一失败，EDG 可靠性要求不低于 0.975）、快速启动（10～15 s 内建立合格的电压和功率）、响应速度快。

1）应急柴油发电机组功率需求大。核电厂应急柴油发电机组的连续额定功率应根据其最恶劣工况下满足其所供电安全序列的安全系统启动以及稳态运行负荷来确定，应大于任何工况下由该装置供电的所有安全负载之和。连续额定功率应留有足够裕度来允许电厂将来可能的负荷增加，通常裕度考虑 5%～10%。

鉴于能动型核电厂专设安全设施中的泵阀普遍采用电动机拖动，且部分专设负荷较大（数百千瓦），为满足柴油发电机组设备本体的性能要求，其应急加载程序按照负荷类别从 0 步到最终加载步骤每间隔 5 s 进行加载，为保证稳定带载，单步加载负荷小于柴油发电机组容量的 20%，而单步带载负荷一般可达 1 000 kW 以上。根据以上分析方法可知，为保证在核电厂各种工况下的顺利带载，核电厂应急柴油发电机组容量普遍较大，其容量区间一般在 6 000～10 000 kW。

2）应急柴油发电机组可靠性要求高。应急柴油发电机组是核电厂在失去所有外部电源事故模式下，确保核反应堆余热导出，防止堆芯熔毁的应急安全电源设施。因此，应急柴油发电机组在核电厂各种事故工况下应能可靠启动带载运行。为满足上述要求，应急柴油发电机组主要部件的设计使用寿命不少于 40 年，且可以启动 4 000 次以上（国内二代核电厂常规要求，三代能动核电厂要求则更加严苛）。

3）应急柴油发电机组响应速度要求高。核电厂应急柴油发电机的设计应能够在以下情况下自动启动：①应急电源母线失电压；②专设安全系统或设备发出启动信号。

为确保核电厂安全稳定，应急柴油发电机组接收到启动信号后达到额定频率和额定电压的时间，应少于事故工况下第一台辅助设备启动所需的时间，为满足以上条件，核电厂应急柴油发电机的应急启动速度要求较高，普遍设定为 10～15s 的启动时间。

2.1.2　非能动核电厂应急动力源

非能动核电厂在设计中大量使用了非能动安全系统（图 2-3），减少了对大容量泵、风机等能动安全设备的依赖，不再配置安全级的应急柴油发电机组。其应急动力源一般由安全级蓄电池承担，仅需要打开部分阀门等操作即可运行安全系统并执行安全功能，从而应对预计运行事件或设计基准事故。

然而，作为纵深防御措施，非能动核电厂一般还配备了非安全级的备用柴油发电机组（SDG）和相应的能动系统。一方面，可以防止非能动安全系统不必要的启动提升经济性；另一方面，国际监管方普遍认为，由于非能动安全系统存在一定的不确定性，虽然开展了大量的试验，但仍无法消除这种不确定性，因此这些能动系统在应对非能动系统失效方面具有重要作用。

根据概率安全风险分析评价结果，AP1000 核电厂备用柴油机维修不可用基本事件占 FV 重要度排序前 5（模型中备用柴油发电机组不可用度取通用数据 0.046，实际约 0.8）；如果不考虑备用柴油机的作用，AP1000 核电厂堆芯损坏频率（CDF）将增大 10 倍。可见，在非能动核电厂中，备用柴油发电机组和相应的能动系统（如正常余热排出系统等）对核安全也有一定的贡献，美国核管理委员会（NRC）制定了相关的程序以识别这些能动系统并加以监管。我国国家核安全局发布的《CAP 系列核电厂审评原则》等法规和技术文件中明确需对这些非安全级重要物项的可用性进行考虑。

三门核电厂 1 号、2 号机组和海阳核电厂 1 号、2 号机组备用柴油机均由陕柴公司供货，每台机组设置两台，互为冗余。作为纵深防御系统，备用柴油发电机的主要作用是为反应堆冷却系统提供后备电源，可将反应堆堆芯的余热带走。备用柴油发电机是非核安全相关设备，相比一般的能动型核电厂运行限值和条件（LCO），非能动核电厂技术规格书对柴油发电机的可用性要求有所降低。在《核电厂最终安全分析报告》（FSAR）

第 16 章技术规格书投资保护的短期可用性控制（STAC）3.1 中，要求在功率运行模式下机组交流电源至少有一台备用柴油发电机可用，如果两台备用柴油发电机均不可用，应在 14 d 内恢复至少一台备用柴油发电机至可用状态。

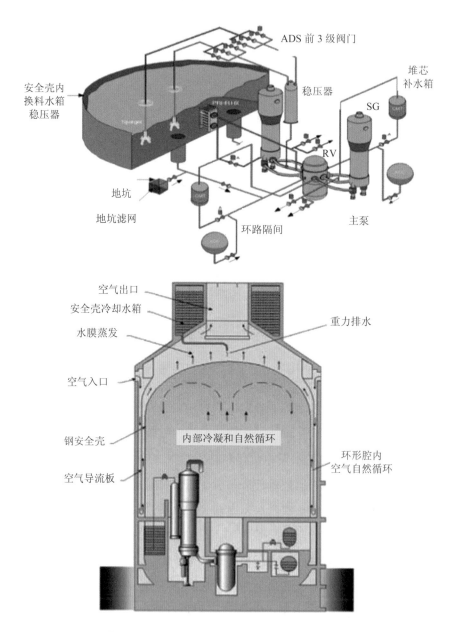

图 2-3　非能动核电厂应急堆芯冷却系统（上）与安全壳冷却系统（下）示意图

2.1.3　纵深防御的其他动力源

《核动力厂设计安全规定》（HAF 102—2016）要求核动力厂还应设有替代动力源，以在设计扩展工况下提供必要的动力供应。能动核电厂一般都设有非安全级的替代交流电源（alternate AC，简称 AAC），在全厂断电工况下提供必要的动力供应。

丧失厂外电源（LOOP）事件发生后，如果应急柴油发电机组全部失效，则会导致全厂断电事故（SBO）。国际上研究认为，SBO 虽然涉及多重故障，不作为设计基准事故，但是核电厂总体风险的重要贡献项，潜在后果较为严重。根据 NRC 相关研究成果，SBO 是堆芯损伤频率（CDF）的一项主要贡献因素，在某些电厂中 SBO 对于 CDF 的贡献高达 74%。对此，我国《核动力厂设计安全规定》（HAF 102—2016）及美国联邦法规 10CFR50.63 均要求核电厂设计中考虑 SBO。

一般核电厂普遍配置与应急柴油发电机组功率相同的厂区附加柴油机（LHS），当一个核电单元机组失去全部厂外和厂内电源时，厂区附加柴油发电机组可手动启动和带载相关设备。虽然其设计为非安全级系统，不执行安全功能，在事故分析中不考虑，但其可在应对全厂断电事故时起到积极作用。厂区附加柴油机属于 AAC 的一种，但厂区附加柴油机还可作为正常运行工况 EDG 维修不可用时的替代，在核电厂正常运行期间，当某一台应急柴油发电机组不可用时，可由厂区附加柴油发电机组临时替代（一般要求机组的两台应急柴油发电机的维修年度总累计替换时间不超过 14 d）。

此外，国内部分核电厂还设置了水压试验泵柴油机（或轴封注水泵柴油机），提供动力在全厂断电事故下为主泵轴封提供密封注入。

福岛核事故后，为满足相关法规要求，国内先进核电厂普遍在设计中考虑设置专门的 SBO 柴油发电机组，在全厂断电工况下为安全系统供电，LHS 则不再用于应对 SBO。以"华龙一号"（福清核电厂 5 号、6 号机组）为例，其设置了两台 SBO 柴油发电机组，向主泵密封及事故后监测和控制提供后备供电。SBO 柴油发电机组及蓄电池配合汽动辅助给水泵或二次侧非能动热量导出系统，可以有效应对 SBO 工况。虽然 SBO 柴油发电机组在核电厂安全中起到重要作用，但国内核电厂在运行管理中仍未建立针对 SBO 柴油发电机组的相关标准要求，各电厂的实践不一，需要进一步进行研究，采取措施确保运行中的可用性和可靠性。

根据福岛核事故的经验反馈，国内外普遍要求考虑在极端情况下全部交流电源丧失的情况。例如，NRC 要求所有核电厂进行改进，应对无限期内丧失厂内固定交流（AC）

电源，维持或恢复反应堆、乏燃料和安全壳的冷却，该要求于 2019 年作为法规 10CFR50.155（Mitigation of Beyond Design Basis Events，MBDBE）发布。NRC 认可了《灵活多样的处理策略 FLEX 实施指南》（NEI 12-06）的相关技术方案，所有核电厂均参考 NEI 12-06 进行分析与评估，配备了场内外 FLEX 设备并制定策略，以应对长期丧失交流电源（ELAP）和丧失最终热阱（LUHS）工况（图 2-4）。根据 FLEX 方案，核电厂的响应分为三个阶段，并基于特定分析确定每个阶段的持续时间。

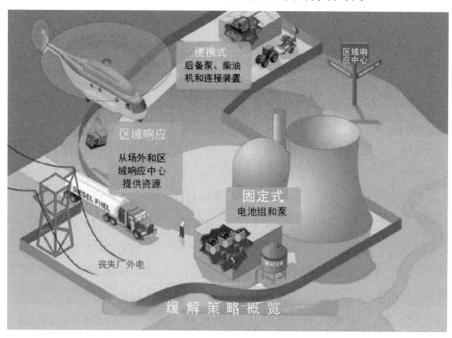

图 2-4　核电厂 ELAP 和 LUHS 工况分阶段应对策略

1）使用核电厂固定设备进行初始应对。分析针对 ELAP 和 LUHS 工况，电厂的固定设备可维持安全功能的时间 T_1。

2）使用场内 FLEX 设备的过渡阶段。要求从 T_1 到至少 24 h（T_2）内增设场内移动设备以维持安全功能，并考虑外部事件下的可用性。

3）至少 24 h（T_2）后，在场内执行安全功能的设备恢复前，从场外设备无限期获得额外支持的能力。

我国结合福岛核事故的经验教训和国际实践，于 2012 年发布《福岛核事故后核电厂改进行动通用技术要求（试行）》（简称"通用技术要求"），针对极端外部事件下的移动设施等提出了要求。为应对超设计基准事故（严重事故）工况，福岛核事故后，我国各个核电厂普遍按照通用技术要求增加了中压车载式移动柴油发电机组和低压车载式移动柴油发电机组。然而，该通用技术要求多基于当时的工程判断和专家决策，一直处于试行阶段，有必要参考国际最新要求及实践，以及国内经过多年的经验总结，进一步合理地配备场内外移动设施并开发相关策略，优化改进相关技术要求。

2.2　应急柴油发电机组的鉴定要求

我国应急柴油发电机组的鉴定普遍依据由《核电厂备用电源用柴油发电机组标准准则》（IEEE 387—1995）转化而来的《核电厂备用电源用柴油发电机组准则》（EJ/T 625—2004）和《核电厂应急柴油发电机组设计和试验要求》（NB/T 20485—2018）。这些标准对于核电厂应急柴油发电机的鉴定、出厂试验、调试试验以及定期试验均有详细描述。作为厂内应急备用电源的应急柴油发电机组应进行核级鉴定试验，以证明该机组在所有预期的环境条件下均能执行其安全功能。所有鉴定应按书面计划完成。试验计划应规定要求完成的分析和试验、在试验期间要监测的参数、试验仪表和设备的验收准则。本节将主要论述我国能动核电厂应急柴油发电机组鉴定试验的基本要求。

当前我国非能动核电厂设计上采用两台非安全级的备用柴油机发电机组作为厂内备用电源，相关电厂实际采购的备用柴油机型号为 18PA6B，整机供应商为陕柴公司。备用柴油发电机组并非安全级设备，无须开展核级鉴定。对于 AP1000 的备用柴油发电机组的鉴定试验，西屋公司在原始设计中参考了 IEEE 387—1995 第 6.2 节的相关要求。该系列柴油机曾在宁德、红沿河等核电厂作为安全级应急柴油发电机使用，因此红沿河一期项目执行的 18PA6B 型鉴定试验结果仍然适用于 AP1000 依托项目。

2.2.1　初始型式试验

核电厂柴油发电机组应根据型式试验大纲的要求开展试验，包括负载能力、启动和加载及裕度试验等。这些试验通常是在柴油机制造厂或组装厂完成。

型式试验可以在一台或更多的机组上完成，一台机组的鉴定结果可以反映在相同或较好条件下运行的同型号的类似机组是否合格。如果启动和加载试验是在几台相同的机组上完成的，这几台机组就应分别进行负载能力试验和裕度试验。

型式试验应在成功地完成出厂试验之后进行。成功地完成这些型式试验后，应按制造厂的标准程序对设备进行检查，检查结果应形成文件。

2.2.1.1　负载能力试验

负载能力试验是为了证明柴油发电机组在额定功率因数下承载下述额定负载运行指定时间的能力和成功地甩掉负载的能力。一项成功、完整的试验程序应满足这一特定要求。

1）负载应等于持续额定功率并且运行时间达到柴油机温度平衡时间。

2）在1）的负载试验后，应立即施加短时额定负载运行2 h和施加持续额定负载运行22 h。

3）应进行甩掉短时额定负载试验。如果甩负载试验引起柴油机转速的增加不超过其额定转速与超速保护限定值之差的75%和额定转速15%之中的较小值，则认为甩负载试验是可接受的。

4）应通过试验证明柴油发电机组的轻载或空载运行能力。继轻载或空载运行后应施加大于或等于额定功率50%的负载最少运行0.5 h。

2.2.1.2　启动和加载试验

为确定柴油发电机组在满足核电厂设计要求的时间间隔内启动和承受负载的能力，应进行一系列试验。业内普遍接受的启动和加载试验方法如下：需进行100次有效的启动和加载试验而不发生故障。若机组未能成功地完成这一系列试验，则要求检查系统设计的适当性，排除故障的起因后继续试验，直到完成100次有效的启动和加载试验而不发生故障。

启动和加载试验应按下述方法进行：

1）柴油发电机组应在接到启动信号时启动，并在要求的时间间隔内加速到规定的电压和频率。

2）完成1）之后，柴油发电机组应立即接受一个等于或大于持续额定功率50%的阶跃负载。负载可以完全是电阻负载或电阻和电感负载的组合。

3）至少应有90次试验是在柴油发电机组暖机备用状态下进行，此时缸套水温和润滑油温等于或低于柴油机制造厂的推荐值。加载后柴油发电机组应连续运行，直到缸套水温和润滑油温达到柴油机在相应负载下正常运行温度±5.5℃范围内。

4）至少应有10次试验是在柴油机起始处于正常运行平衡温度的状态下进行。平衡温度是指缸套水温和润滑油温在柴油机制造厂为相应的负载规定的正常运行温度±5.5℃范围内。

5）如果按上述程序进行启动和加载试验时发生故障的原因能够归于下列任何一种

情况，可以不考虑这次特定试验，在找出和改正试验故障原因的条件下，恢复试验程序而无须增加试验次数：

①确实可以归因于操作员错误的未成功的启动试验。这些错误包括在特定的启动试验之前，粗心地改变了诸如可调整的控制开关、可调电阻、电位器或其他调节装置的设定值。

②为验证在这一系列试验期间需要的例行维修程序所进行的试验。这一维修程序应在进行启动和加载试验之前确定并成为机组安装后正常维修计划的一部分。

③在排除故障过程中进行的试验。在排除故障过程中进行的每次启动试验应与在进行启动试验之前一样予以确定。

④有意终止的不加负载的成功的启动试验。

⑤任何临时性服务系统的故障，例如那些非永久性设备组成部分的直流电源、输出电路断路器、负载、接管、导线和其他任何临时性装置。

2.2.1.3　裕度试验

为证明柴油发电机组具有启动和承受高于电厂设计负载曲线中最严重的阶跃负载（包括在基本负载上的阶跃变化）的能力，应进行裕度试验。该试验应证明柴油发电机组能够承受由负载曲线确定的极限情况下的最大负载阶跃变化。这些试验可以与负载能力试验或启动和加载试验结合在一起进行。不管是用相同的负载方案还是不同的负载方案，这种裕度试验至少要进行两次。足够的裕度试验负载至少要比负载分布图中最严重的阶跃负载大 10%，此时记录的频率和电压偏差值可能超过电厂设计负载所规定的值。裕度试验准则如下：

1）证明发电机和励磁系统能接受裕度试验负载（通常对泵电动机来说是低功率因数、高冲击启动电流）而不会出现导致发电机电压崩溃的不稳定现象，或出现不能恢复电压的明显迹象。

2）当承受裕度试验负载时，证明柴油机有足够的转矩来防止柴油机失速并能使自身的转速恢复。

2.2.2　老化要求

2.2.2.1　部件分级

应急柴油发电机组部件的范围见图 2-5，其中的部件应分属于下面两类：

1）所需的部件应用于柴油发电机组执行其安全功能。这些部件要求把老化考虑为共因故障的潜在因素。例如可以包括调速器、发电机、电缆、励磁系统、柴油机、启动空气电磁阀和为防止因泄漏而降低机组性能所采用的垫圈和密封。

2）不要求执行安全有关功能的部件。对于这些安全无关部件，要求验证其失效不会降低柴油发电机组与安全有关的功能，这可以通过试验或分析来实现。例如发电机电阻温度计、中性点接地装置、空间加热器、启动用空气压缩机和驱动装置、保温加热器和泵，以及故障后不会降低机组性能的垫圈和密封。

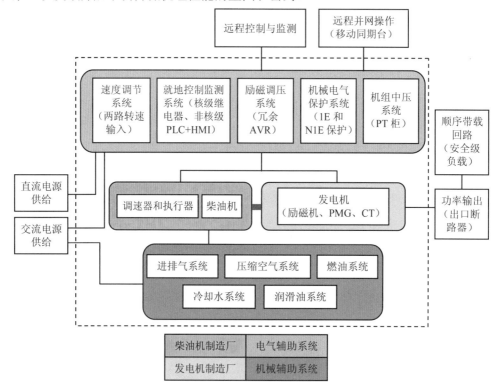

图 2-5　柴油发电机组部件范围

2.2.2.2　老化分类

应对部件分级 1）中确定的与安全相关的部件进行进一步分类，以确定与老化相关的故障的可能性。表 2-1 中说明了此种分类格式。

失效机理与老化没有显著关系的部件可以不予考虑。例如，在柴油机基体中使用的铸铁在整个正常的核电厂服役寿期内不存在潜在的与老化有关的失效机理。

分类后，失效机理与老化有潜在关系且影响应急柴油发电机组在核电厂各种工况下执行安全功能的部件应通过试验（较好的方法）、分析或试验和分析结合来鉴定。综合确定的合格寿命小于总体合格寿命目标的部件，应在规定的间隔内维修或更换。若确定对部件开展老化试验，则应在试验后对该部件进行抗震鉴定。

表 2-1　部件老化分类格式

部件	失效机理与老化有关的物项	老化鉴定方法	失效机理与老化无关的物项
列出指定部件，例如发电机、电动机、发动机、泵、控制屏、调速器、电磁阀、阀门、励磁系统、断路器	列出失效机理与老化有关的部件内的所有物项或材料，例如垫圈、绝缘、轴承	列出使用的方法，例如加速老化、定期更换、分析	列出失效机理与老化无关的部件内的所有物项或材料，例如金属部件、陶瓷部件

2.2.2.3　抗震鉴定要求

应急柴油发电机组作为核电厂的大型设备，体积较大，并无相适应的地震试验台架执行抗震试验。因此核电业界普遍采用抗地震计算的方式以验证应急柴油发电机组抗震性能，机组抗地震计算一般按以下步骤进行：

1）将机组作为一个整体，根据当地地震响应谱计算地震通过隔振器对机组的响应，如图 2-6 所示。

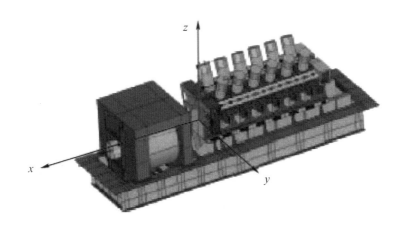

图 2-6　应急柴油发电机隔振计算坐标系

2）建立柴油机、发电机、公共底座数学模型。

3）根据已计算的机组响应，利用有限元对柴油机、发电机进行受力分析。

机组抗地震分析主要分为 3 个部分，第一部分将柴油机、发电机、公共底座作为一个整体，分析机组在地震发生时，机组对地震反应波的响应情况，同时计算机组在弹性安装时，机组的自由震动频率，根据机组对地震波的反应以及机器运行时状态，计算柴油机上一些悬挂部件的应力，如增压器支架、空冷器支架等；第二部分主要是对柴油机的管系进行自振频率分析以及在地震响应及机组运行状态下的受力分析；第三部分是对柴油机一些零部件进行等效应力分析。

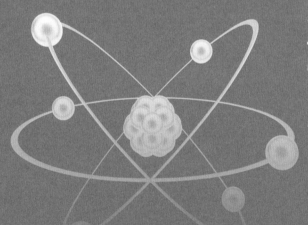

第3章

我国核电厂应急柴油发电
机组制造许可和配置情况

3.1　我国民用核安全设备制造许可制度

民用核安全设备是指在民用核设施中使用的执行核安全功能的设备，包括核安全机械设备和核安全电气设备。

我国核安全设备的制造活动采取许可证（含注册登记）制度管理。2008 年 1 月 1 日起施行的《民用核安全设备监督管理条例》（国务院令　第 500 号）和 2018 年 1 月 1 日起施行的《中华人民共和国核安全法》均规定：为核设施提供核安全设备制造的单位，应当向国务院核安全监督管理部门申请许可；境外机构为境内核设施提供核安全设备制造的，应当向国务院核安全监督管理部门申请注册。

被纳入监管目录内的核安全设备制造活动均应按照我国的法律法规、条例及有关文件取得相关许可后，方可采用适用的标准规范体系来指导活动的具体实施。民用核安全设备许可申请是在符合《中华人民共和国核安全法》的前提下，主要依据《民用核安全设备监督管理条例》及其配套规章、《核电厂质量保证安全规定》（HAF 003）及其相关导则和国家核安全局发布的其他管理规定开展设计、制造、安装活动。

目前，需要申请许可证的民用核安全设备仅限于《民用核安全设备目录（2016 年修订）》中规定的 19 类机械设备、9 类电气设备和 5 类后处理设备，该目录内设备纳入核安全监管体系。监管活动是对核安全设备活动资格的审批（准入）以及对核安全设备活动过程和结果的监督检查。国家核安全监管部门根据相关的法规和条例要求，对潜在的核安全设备活动单位的资格进行鉴定，并对经审批合格单位的活动进行监督，从而使符合核电功能要求的产品用于核电厂，为核安全提供保障。

3.2　我国核电厂应急柴油发电机组制造许可情况

应急柴油发电机组作为重要的核安全电气设备于 2008 年被纳入《民用核安全设备目录》，实施许可证制度管理；此后国家核安全局通过《关于进一步明确部分民用核安全设备类别许可范围的通知》（国核安发〔2012〕106 号）和《关于进一步明确民用核安全设备许可范围及相关要求的通知》（国核安函〔2020〕67 号）对机组的监管进行细化。

　　早期国内核电厂除秦山核电厂使用中车大连机车车辆有限公司和上海电机厂有限公司生产的柴油发电机组外，其他核电厂所使用的应急柴油发电机组的供应商均为 MTU（德国）、MAN（法国）和瓦锡兰（芬兰）等国外供货商。随着我国核电的发展和国家对核电产业提出国产化要求，国内柴油发电机组供应商陆续开始进入核电市场，从单一的设备供应商逐渐转变为总承包商。目前，国内的陕柴公司、沪东重机有限公司（简称沪东重机）和山西北方安特发动机有限责任公司均通过国家核安全局审查取得了核级应急柴油发电机组设计或制造活动许可证，韩国的现代重工、法国的 MAN 和德国的 MTU 等国外企业取得了相应的境外单位注册登记确认。通过制造单位、营运单位和国家核安全监督管理部门的研制开发、质量管控和监督管理，国内的核电厂应急柴油机组的设计及制造模式已由与国外联合设计及制造逐步实现国产化。现阶段，在建核电站和其他民用核设施的应急柴油发电机组均由国内持证单位自主设计和制造。

　　国内核电厂柴油发电机相关配置信息统计见表 3-1。秦山第三核电厂为重水堆，其采用备用柴油发电机组作为Ⅲ级电源系统的备用电源，当失去Ⅲ级电源时，备用柴油发电机组向Ⅲ级电源系统供电，提供高可靠性的电源，用于反应堆安全停堆、堆芯衰变热导出以及放射性包容；当发生冷却剂丧失事故（LOCA 事故）时，备用柴油发电机组也将自动启动以备机组供电需求。因此，本书将其作为应急柴油发电机组同等考虑。由于三门核电厂 1 号、2 号机组和海阳核电厂 1 号、2 号机组等采用了 AP1000 非能动设计，其厂内备用电源系统（ZOS）10.5 kV 的备用柴油发电机组为非 1E 级，不承担安全功能，因此本书未将其作为应急柴油发电机组同等考虑。截至 2024 年 2 月，我国运行的核电机组共计 56 台，配套安装的应急柴油发电机组 120 台，其中陕柴公司供应急柴油发电机组 42 台，瓦锡兰供应急柴油发电机组 8 台，MTU 供应急柴油发电机组 47 台，MAN 供应急柴油发电机组 16 台，大连中车供应急柴油发电机组 3 台，沪东重机供应急柴油发电机组 2 台，卡特彼勒供应急柴油发电机组 2 台（图 3-1）。

表 3-1 我国运行及在建核电厂柴油发电机配置表

核电基地	核电厂	机组	柴油机类型	安全等级	数量/台	柴油机型号	柴油机供货厂家
秦山核电基地	秦山核电厂		应急柴油机	安全级	3	16V240ZDA	大连中车
			AAC 柴油机	非安全级	1	C175-16	CAT
	秦山第二核电厂	1～2 号	应急柴油机	安全级	4	16PC2-5	MAN
		3～4 号	应急柴油机	安全级	4	20V956TB33	MTU
		1～4 号	附加柴油机	非安全级	1	16PC2-5	MAN
	秦山第三核电厂	1～2 号	应急柴油机	安全级	2	CAT3516B	卡特彼勒
		1～2 号	备用柴油机	非安全级	4	16PC2-6	MAN
	方家山核电厂	1～2 号	应急柴油机	安全级	4	20V956TB33	MTU
		1～2 号	附加柴油机	非安全级	4	20V956TB33	MTU
			中压移动柴油机	非安全级	1	QSK60-G8	康明斯
			低压移动柴油机	非安全级	2	QSK23-G3	康明斯
大亚湾核电基地	大亚湾核电厂	1～2 号	应急柴油机	安全级	4	UD45V12（二拖一）	瓦锡兰
	岭澳核电厂	1～2 号	应急柴油机	安全级	4	UD45V12（二拖一）	瓦锡兰
		3～4 号	应急柴油机	安全级	4	MTU956TB33	MTU
	大亚湾核电厂、岭澳核电厂增机项目			安全级	3	MTU956TB34	MTU
			附加柴油机	非安全级	1	12PC2-6	MAN
			中压移动柴油机	非安全级	1	三菱 S16R-PTA2	三菱
			低压移动柴油机	非安全级	1	VOLVO TAD734GE	VOLVO
田湾核电站		1～2 号	应急柴油机	安全级	8	20V956TB33	MTU
		1～2 号	机组（备用）柴油机	安全级	4	16PA6B-V	MAN
		1～2 号	移动柴油机	非安全级	1	AG51041	英国帕金斯
		1～2 号	6 kV 移动电源	非安全级	1	20V4000G63	MTU
		1～2 号	400 V 移动电源	非安全级	1	S12R-PTA	三菱重工

核电基地	核电厂	机组	柴油机类型	安全等级	数量/台	柴油机型号	柴油机供货厂家
田湾核电站		3~4 号	应急柴油机	安全级	8	20V956TB33	MTU
		3~4 号	机组（备用）柴油机	非安全级	4	18PA6B	陕柴公司
		3~4 号	移动柴油机	非安全级	1	KDE250S	无锡开普动力
		5~6 号	应急柴油机	安全级	4	18PA6B	陕柴公司
		5~6 号	附加柴油机	非安全级	2	18PA6B	陕柴公司
		5~6 号	移动柴油机（安注和安喷使用）	非安全级	2	QSM11 FR20001	西安康明斯发动机有限公司
		7~8 号	应急柴油机	安全级	8	18PA6B	陕柴公司
宁德核电厂		1~4 号	应急柴油机	安全级	8	18PA6B	陕柴公司
		1~4 号	附加柴油机	非安全级	1	18PA6B	陕柴公司
		5~6 号	应急柴油机	安全级	6	12MV390MF-N	沪东重机
		5~6 号	SBO 柴油机	非安全级	2	16V280ZLD	中车戚墅堰机车
			中压移动柴油机	非安全级	1	MTU20V4000G63	MTU
			低压移动柴油机	非安全级	1	BF8M1015CP-LA	河北华北柴油机有限责任公司
红沿河核电厂		1~6 号	应急柴油机	安全级	12	18PA6B	陕柴公司
		1~6 号	附加柴油机	非安全级	1	18PA6B	陕柴公司
		5~6 号	SBO 柴油机	非安全级	2	MTU956TB34	MTU
		1~6 号	中压移动柴油机	非安全级	1	20V4000G63	MTU
		1~6 号	低压移动柴油机	非安全级	1	BF8M1015CP-LA	河北华北柴油机有限责任公司
阳江核电厂		1~2 号	应急柴油机	安全级	4	20V956TB33	MTU
		3~6 号	应急柴油机	安全级	8	20V956TB33	MTU
		1~6 号	附加柴油机	非安全级	1	20V956TB33	MTU
		5~6 号	SBO 柴油机	非安全级	2	18PA6B	陕柴公司
		1~6 号	中压移动柴油机	非安全级	1	MTU20V4000G63	MTU
		1~6 号	低压移动柴油机	非安全级	2	TAD1642GE	VOLVO

核电基地	核电厂	机组	柴油机类型	安全等级	数量/台	柴油机型号	柴油机供货厂家
福清核电厂		1 号	应急柴油机	安全级	2	20V956TB33	MTU
		2~4 号	应急柴油机	安全级	6	20V956TB33	MTU
		1~4 号	附加柴油机	非安全级	1	20V956TB33	MTU
		5~6 号	应急柴油机	安全级	4	12PC2-6B	陕柴公司
		5~6 号	附加柴油机	非安全级	1	12PC2-6B	陕柴公司
		1~6 号	中压移动柴油机	非安全级	1	16 V4000G63	MTU
		1~4 号	低压移动柴油机	非安全级	1	NTA855-G1B	东风康明斯
		5~6 号	低压移动柴油机	非安全级	1	16V2000G65	MTU
防城港核电厂		1~2 号	应急柴油机	安全级	4	18PA6B	陕柴公司
		1~2 号	附加柴油机	非安全级	1	18PA6B	陕柴公司
		3~4 号	应急柴油机	安全级	6	12PC2-6	陕柴公司
		3~4 号	SBO 柴油机	非安全级	4	16V280ZLD	中车戚墅堰机车
		1~2 号	中压移动柴油机	非安全级	1	20V4000G63	MTU
		1~2 号	低压移动柴油机	非安全级	1	TAD1642GE	瑞典 VOLVO
		3~4 号	中压移动柴油机	非安全级	1	20V4000G63	MTU
昌江核电厂		1~2 号	应急柴油机	安全级	4	18PA6B	陕柴公司
		1~2 号	附加柴油机	非安全级	1	18PA6B	陕柴公司
		1~2 号	中压移动柴油机	非安全级	1	16V4000G63	MTU
		1~2 号	低压移动柴油机	非安全级	1	NTA855-G1B	康明斯
		3~4 号	应急柴油机	安全级	4	12PC2-6B	陕柴公司

核电基地	核电厂	机组	柴油机类型	安全等级	数量/台	柴油机型号	柴油机供货厂家
三门核电厂		1~2 号	备用柴油机	非安全级	4	18PA6B	陕柴公司
		1~2 号	辅助柴油机	非安全级	4	4ISBE-G1	康明斯（上海中智）
		1~2 号	中压移动柴油机	非安全级	1	QSK60-G22	康明斯（宁波荣光）
		1~2 号	低压移动柴油机	非安全级	2	6BTA5.9-G2	康明斯（上海科泰）
海阳核电厂		1~2 号	备用柴油机	非安全级	4	18PA6B	陕柴公司
		1~2 号	辅助柴油机	非安全级	4	6BTA5.9-G2	东风康明斯
		1~2 号	中压移动柴油机	非安全级	1	20V4000G63（B）	MTU
		1~2 号	低压移动柴油机	非安全级	2	TAD532GE	沃尔沃
台山核电厂		1~2 号	应急柴油机	安全级	8	14PC2-6B	MAN
		1~2 号	SBO 柴油机	非安全级	4	16V280ZLD	中车戚墅堰机车
		1~2 号	中压移动柴油机	非安全级	2	1306A-E87TAG6	柏金斯
		1~2 号	低压移动柴油机	非安全级	1	MTU　16V4000G23	MTU
高温气冷堆核电站示范工程		1~2 号	应急柴油机	安全级	2	6PA6-280MPC	沪东重机
			低压移动柴油机	非安全级	1	NTA855-G1B	重庆康明斯
漳州核电厂		1~2 号	应急柴油机	安全级	4	12PC2-6B	陕柴公司
太平岭核电厂		1~2 号	应急柴油机	安全级	6	12PC2-6B	陕柴公司
三澳核电厂		1~2 号	应急柴油机	安全级	6	12PC2-6B	陕柴公司

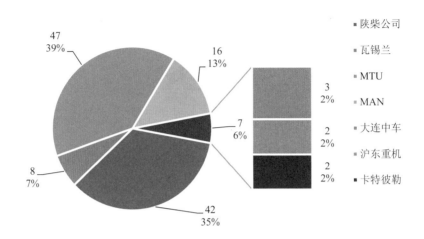

图 3-1　各应急柴油发电机供货商供货占比

3.3　应急柴油发电机组的国产化情况及存在的问题

目前国内核电厂用应急柴油发电机组技术路线主要有三条：法国 MAN 专利技术的 PA6B 机型/PC2-6B 机型，德国 MTU 的 956TB 机型以及我国自主研发设计的 M390 机型。

目前，德国 MTU 的 956TB 机型应急柴油发电机组中柴油机全部进口，发电机和机械辅助系统已实现国产化，电气辅助系统中励磁柜已实现国产化。

法国 MAN 专利机型中，实现国产化程度较大，除机械和电气辅助系统基本实现国产化外，柴油机仅有曲轴、连杆瓦、主轴瓦和机械调速器等未实现国产化，需要进口。

我国自主研发的 M390 机型应急柴油发电机组已基本实现国产化，但曲轴、活塞组件、机械调速器等仍需进口。

当前我国应急柴油发电机组制造主要面临的两个"卡脖子"问题：①曲轴等关键机械部件尚未实现国产化；②转速传感器等核心仪控部件尚未实现国产化。

上述曲轴等关键核心部件未实现国产化主要有两方面原因：一方面，部分零部件研发仍然存在一定的技术难度，特别是核电厂应用需要长时间可靠性验证，导致核电业主无法接受主设备国产化可能引入的可靠性降低的风险；另一方面，国内核电市场中应急柴油发电机组的需求数量远小于船海市场、海外陆用电站市场中的需求数量，短期内难以形成规模，配套厂家缺乏研发积极性。

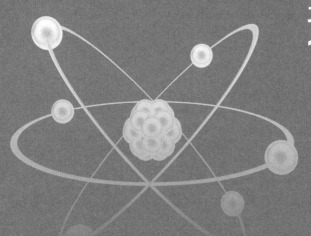

第 4 章

应急柴油发电机组的建安
调试和运行管理要求

4.1　应急柴油发电机组的建安调试要求

自福岛核事故以来，我国核安全监管机构对于核电厂应急电源给予了充分的重视。因此自福岛核事故后，我国新建核电厂应急柴油发电机组的调试试验以及预运行试验改变了过去按照参考电厂技术规格书执行导致无法充分验证安全功能的方法，均严格按照行业普遍认可的 EJ/T 625—2004 或 NB/T 20485—2018（IEEE 387—1995）中对于核电厂应急柴油发电机组调试试验的要求执行，以充分验证应急柴油发电机组的核安全相关功能。现场调试试验主要包括现场验收试验和预运行试验。

非能动核电厂备用柴油发电机组在现场调试试验方面，也参考 IEEE 387—1995 相关要求，在现场验收试验开展了启动试验、加载试验、额定负载试验、甩负荷试验、电气试验和子系统试验，在预运行试验方面开展了可靠性试验（连续 25 次有效带载）和独立预运行试验。

4.1.1　现场验收试验

现场验收试验是在完成了安装和初次启动试验后，证明应急柴油发电机组具有完成其预期功能的能力，在现场对其进行的试验。现场验收试验主要包括启动试验、加载试验、额定负载试验、甩负载试验、电气试验和子系统试验。

（1）启动试验

启动试验是验证应急柴油发电机组在设备技术规格书规定的时间内达到设备技术规格书规定的电压和频率的能力。电压和频率的验收标准应等于或高于安全相关负荷在规定时间允许范围内所要求的最低电压和频率。

（2）加载试验

加载试验是验证应急柴油发电机组按所要求的顺序和时间期限接受组成设计负载的各个负载并将电压和频率保持在可接受限制内的能力。需要注意的是，如果应急柴油发电机组具有轻载或空载运行的能力，则加载试验顺序应考虑这样运行后对负载接受能力的潜在影响。

（3）额定负载试验

额定负载试验是验证应急柴油发电机组具有在指定时间内不超过制造厂商设计限值条件下承载下述负载的能力：

1）等于额定功率的负载，运行时间为达到柴油机平衡温度所需时间加 1 h。

2）紧接 1）中的负载试验，立即施加短时额定负载运行 2 h。

（4）甩负载试验

甩负载试验是验证应急柴油发电机组具有甩掉短时额定负载而不会形成超速或者过电压而造成部件损坏的能力。

（5）电气试验

电气试验是验证发电机、励磁系统、电压调节系统、柴油机调试系统、控制和监测系统的电气性能符合预定的适用要求，并满足频率、电压和输出功率的稳态和动态设计要求。

（6）子系统试验

子系统试验是验证控制、保护和监测系统具有按预定要求起作用的能力。

4.1.2　预运行试验

现场验收试验完成后，应进行预运行试验以证明应急柴油发电机组满足安全要求并可以投入核电厂运行之中。预运行试验主要包括可靠性试验和独立性预运行试验。

（1）可靠性试验

可靠性试验是验证新安装的应急柴油发电机组可靠性水平满足可以投入运行的要求。应通过至少 25 次有效启动带载（如 20 次慢速启动以减少磨损，5 次快速启动和负载运行试验）在每个已安装柴油发电机上无故障地实现这一目标。

（2）独立预运行试验

独立预运行试验是模拟核电厂投运之后，验证应急柴油发电机能够充分应对应急启动、定期试验等各种工况，其具体试验内容和要求与 EJ/T 625—2004 或 NB/T 20485—2018（IEEE 387—1995）定期试验方法基本一致，具体内容可参考 4.2.2 节应急柴油发电机组的定期试验要求。

4.2　应急柴油发电机组的运行管理要求

核电厂在运行过程中，营运单位对核电厂的安全运行负有全面的责任。因此，电厂必须确保有足够的监督活动，以保证核电厂是在规定的运行限值和条件（LCO）下运行。核安全法规《核动力厂运行安全规定》（HAF 103）、《核电厂安全重要物项的监督》

（HAD 103/09）、《核电厂在役检查》（HAD 103/07）对核电厂监督大纲的目的、范围、编制及内容和实施细则提出了要求，以确保核安全和机组运行安全重要的设备、部件均按照国家法规、标准和有关条例进行检查和试验。营运单位必须制定监督大纲并提交给国家核安全局。

运行技术规范（或称运行技术规格书）规定了核电厂各系统要满足的运行限值和条件，规定了当发生安全相关系统与设备不可用或安全有关参数异常时要采取的措施。监督大纲提供了使用运行技术规范的必要方法，大纲规定了对安全相关系统和设备有关参数进行定期的监测，以确保所有与安全相关的系统和设备是可用的，性能是正确的，同时还要确保所有与三道屏障相关的安全限值得到满足。

监督大纲管理的设备包括运行技术规范管理的设备，另外还包括技术规范未管理但是有必要管理的设备。定期试验监督大纲的执行为遵守运行技术规范提供了必要的手段，通过对安全相关的系统和设备进行定期的检查和试验，验证其状态和参数满足监督准则，当试验结果不满足监督大纲的要求时，必须按照运行技术规范的要求，在规定的期限内恢复安全相关系统和设备的可用性，使运行技术规范得到遵守。

核电厂以《安全相关系统和设备定期试验监督要求》作为定期试验的开展依据。但单纯的监督要求并不具备可执行性。为此，核电厂根据《安全相关系统和设备定期试验监督要求》编制《安全相关系统和设备定期试验监督大纲》，将试验内容与责任部门、试验规程相对应，确保试验的可执行性。

4.2.1　应急柴油发电机组相关运行限值和条件以及监督要求

应急柴油发电机作为安全级电源，在各类核电机组的运行限值和条件（LCO）中均遵循以下原则：在功率运行模式下要求全部可用，在停堆模式下要求可用的系列数减少，以便于开展维修工作，但均至少保证一列可用；区别主要在于"应急柴油发电机可用"具体包含的限值方面。而监督要求（SR）用于验证应急柴油发电机的可用性，不同机组由于"应急柴油发电机可用"具体包含的限值不同而导致定期检查的限值不同，此外对于各类运行试验（部分功率运行试验、满功率试验等）的试验周期和试验方式（快启动、慢启动、是否并网等）的要求不同。下面以功率运行模式为例，具体分堆型进行说明。

4.2.1.1　M310 型二代加改进型机组

1）LCO：要求两台应急柴油发电机全部可用。其可用性包含的具体限值有：日用油罐燃油储量、主燃油罐燃油储量、输油装置可用、柴油发电机厂房环境温度大于 5℃，以及柴油机相关支持系统可用。此外，在满足没有其他第一组事件且两台应急柴油机的维修年度总累计替换时间不超过 14 d 的条件下，允许附加柴油机替代一台应急柴油机以便进行维修工作。发生不可用时的措施见表 4-1，监督要求见表 4-2。

表 4-1　发生不可用时的措施

1 台应急柴油机不可用	3 d 内开始向 NS/RRA 模式后撤，如果附加柴油机替代该不可用应急柴油机，其维修期限应遵守替代期限。如果在替代期限内不可能修复，则开始向 NS/RRA 模式后撤
2 台应急柴油机不可用	1 h 内开始向 NS/RRA 模式后撤

表 4-2　监督要求

试验项目	频度
低功率试验，快速启动，验证启动时间及带载顺序，以约 40%额定功率运行	每月
满功率试验，以 100%额定功率运行，验证柴油发电机组向专设应急安全设备提供额定功率的能力	每换料周期

2）预防性维修：在机组大修期间开展。

4.2.1.2　VVER 核电机组

1）LCO：VVER 配备有 4 台应急柴油发电机，功率运行模式下要求全部可用。其可用性包含的具体限值有：日用油箱油位、贮存油箱油位、压空罐压力、润滑油箱油位、柴油品质，以及柴油机相关支持系统可用。发生不可用时的措施见表 4-3，监督要求见表 4-4。

表 4-3　发生不可用时的措施

1 台应急柴油机不可用	30 d 内恢复应急柴油机可用
2 台应急柴油机不可用	72 h 内至少恢复一台应急柴油机可用
3 台或 4 台应急柴油机不可用 或 1 台或 2 台应急柴油机不可用时需采取的措施和相应的完成时间未满足	31 h 内将机组转换到状态 4

表 4-4 监督要求

试验项目	频度
柴油发电机启动运行试验	每 2 个月
验证在实际的或模拟的丧失厂外电源的信号下柴油发电机组自动启动，经过≤15 s 后按设定程序带载，直到全部带上负载，柴油机带载结束后，达到稳定电压和频率	每换料周期

2）预防性维修：在线维修，一般在机组大修开始前 3 个月开始，此时机组处于功率运行状态，每次在线维修均是逐台安排进行，没有两台及以上同时开展在线维修的情况。

当前，田湾 1～4 号机组已根据风险分析评价结果将 EDG 启动运行定期试验周期由 1 个月延长至 2 个月，堆芯损坏频率（CDF）增加量为 2.10×10^{-7}/堆年，早期大量释放频率（LERF）的增加量为 1.54×10^{-8}/堆年。满足《概率风险评价用于特定电厂许可证基础变更的风险指引决策方法》（NNSA-0147）中 CDF 增量小于 1×10^{-6} 堆年和 LERF 增量小于 1×10^{-7} 堆年的要求，田湾核电站 1 号、2 号和 3 号、4 号机组的相关修改申请分别于 2017 年和 2020 年获得国家核安全局批准。

4.2.1.3 "华龙一号"（中核）

1）LCO：要求 2 台应急柴油发电机组全部可用。其可用性包含的具体限值有：柴油罐储量、润滑油储量、柴油品质、压空罐压力，以及柴油机相关支持系统可用。发生不可用时的措施见表 4-5，监督要求见表 4-6。

表 4-5 发生不可用时的措施

1 台应急柴油机不可用	14 d 内恢复不可运行的柴油机组至可用状态，且每 12 h 核实附加柴油机的可用性，同时 72 h 内执行附加柴油机的接入程序并进行启动试验 或 72 h 内恢复不可运行的柴油机组至可用状态，且 1 h 内对要求可运行的厂外电源执行 SR3.8.1.1 并此后每 8 h 执行一次，同时 24 h 内确认可运行的柴油机组不会由于共因故障而不可运行或对于可运行的柴油机组执行 SR3.8.1.2
2 台应急柴油机不可用	2 h 内恢复一台应急柴油机可用
1 台或 2 台应急柴油机不可用时需采取的措施和相应的完成时间未满足	6 h 内进入模式 3，且 36 h 内进入模式 5

表 4-6 监督要求

试验项目	频度
低功率运行试验：验证柴油机从备用状态经过≤15 s 的时间后达到稳态，带 30%～40% 负荷运行≥60 min	每 62 天
甩最大负荷试验：验证柴油机甩掉最大负荷后频率和电压保持稳定	每换料周期
甩满负荷试验：验证柴油机甩掉 90%～100%负荷期间和之后不会因超速脱扣	每换料周期
LOOP 信号试验：验证在丧失厂外电源信号下，柴油机在规定的时间内自动启动并带载	每换料周期
专设动作信号试验：验证专设安全设施动作信号下，柴油机在规定的时间内自动启动并带载	每换料周期
保护脱扣旁通试验：验证在 LOOP 或专设动作信号下，柴油机旁通除柴油机超速、应急母线失电、润滑油油压低以外的自动脱扣信号	每换料周期
负荷持续性试验：验证柴油机运行≥8 h，其中以 105%～110%额定功率运行≥2 h，剩余时间以 90%～100%额定功率运行	每换料周期
热态启动试验：验证在柴油机以 105%～110%额定功率运行≥2 h 后停机的 5 min 内能重新启动	每换料周期
验证加载序列和加载步骤的时间延迟	每换料周期
验证每台柴油机从备用状态瞬时启动	10 年

2）预防性维修：在机组大修期间开展。

4.2.1.4 "华龙一号"（广核）

1）LCO：要求 3 台应急柴油发电机组全部可用。其可用性包含的具体限值有：日用油箱液位、柴油罐储量、润滑油储量、柴油品质、压空罐压力，以及柴油机相关支持系统可用。发生不可用时的措施见表 4-7，监督要求见表 4-8。

表 4-7 发生不可用时的措施

1 台应急柴油机不可用	24 h 内确定可运行的应急柴油发电机不因共模故障导致不可运行，或 24 h 内对可运行的应急柴油发电机执行 SR 3.8.1.3 和 SR3.8.1.4 与 72 h 内恢复不可运行的柴油机组至可运行状态
2 台或 3 台应急柴油机不可用	6 h 内进入模式 3，且 36 h 内进入模式 5
1 台应急柴油机不可用时需采取的措施和相应的完成时间未满足	6 h 内进入模式 3，且 36 h 内进入模式 5

表 4-8　监督要求

试验项目	频度
应急柴油发电机从收到启动信号到电压、频率（$U \geqslant 9.5\ kV$、$f \geqslant 49.5\ Hz$）正确的时间小于等于 15 s	每月
LHA/B/C 母线切换至应急柴油发电机供电所涉及的断路器动作正确	18 个月
LHA/B/C 母线低电压后，在 21.74 s 内带载	18 个月
核实每台应急柴油发电机的加卸载逻辑正确	18 个月
应急柴油发电机在大于应急工况设计负荷下持续运行 2 h	18 个月
甩负荷试验：应急柴油发电机带 90% 及以上设计负载，突然甩负载时，不会引起超速保护动作停机	18 个月
核实每台应急柴油发电机在加载最大负荷过程中，输出电压和频率维持在允许范围	18 个月
热态启动试验：应急柴油发电机在停机转速降为 0 后，立即重启，核实从收到启动信号到电压、频率（$U \geqslant 9.5\ kV$、$f \geqslant 49.5\ Hz$）正确的时间小于等于 15 s	18 个月
核实应急柴油发电机从收到启动信号到电压、频率（$U \geqslant 9.5\ kV$、$f \geqslant 49.5\ Hz$）正确的时间小于等于 15 s	10 年

2）预防性维修：在机组大修期间开展。

4.2.1.5　EPR 核电机组

1）LCO：EPR 配备有 4 台应急柴油发电机，功率运行模式下要求全部可用。其可用性包含的具体限值有：日用燃油箱燃油容量、主燃油箱燃油容量，以及柴油机相关支持系统可用。此外还配备有 2 台 SBO 柴油发电机，也要求全部可用。发生不可用时的措施见表 4-9，监督要求见表 4-10。

表 4-9　发生不可用时的措施

| 1 台应急柴油机不可用 | 禁止开始可能导致 1 台 SBO 柴油发电机或 1 个 ANT 不可用的预防性维修操作。
确保为主泵热屏提供冷却的 RRI 列及其关联列可用，且相应的 2 台 EDG 可用。否则，确保为主泵热屏提供冷却的 RRI 列可用，且相应的 EDG 可用。
3 d 内开始向满足 RIS-RHR 连接条件的 NS/SG 模式后撤。
如果相应 EDG 进行预防性维修的特殊规定中的条件已满足，则为第 2 组事件。1 个月内完成维修 |

2 台或 2 台以上应急柴油机不可用	确保为主泵热屏提供冷却的 RRI 列及其关联列可用，且相应的 2 台 EDG 可用。否则，确保为主泵热屏提供冷却的 RR 列可用，且相应的 EDG 可用。如果 2 台 EDG 不可用，必须确保 2 台 SBO 柴油机可用，24 h 内开始向满足 RIS-RHR 连接条件的 NS/SG 模式后撤。否则，1 h 内开始向满足 RIS-RHR 连接条件的 NS/SG 模式后撤

表 4-10　监督要求

试验项目	频度
部分带载试验：验证柴油机成功启动并达到 25% 及以上功率	每 2 个月
100% 带载试验：验证柴油机成功启动并 100% 带载	每换料周期
重新加载最大负荷试验：验证 RRI 泵重新加载后，柴油机电压和频率保持稳定	每 2 个换料周期
EDG 甩全负荷时超速试验：验证柴油机甩全部负荷后不跳闸	每 4 个换料周期

2）预防性维修：在机组大修期间开展。

4.2.1.6　高温气冷堆

1）LCO：高温气冷堆配备有 2 台应急柴油发电机，功率运行模式下要求全部可用。其技术规格书中缺乏针对应急柴油发电机可用性包含的具体限值的描述。发生不可用时的措施见表 4-11，监督要求见表 4-12。

表 4-11　发生不可用时的措施

1 台应急柴油机不可用	72 h 内恢复至可运行状态
2 台应急柴油机不可用	8 h 内恢复 1 台至可运行状态
1 台或 2 台应急柴油机不可用时需采取的措施和相应的完成时间未满足	2 个独立的核蒸汽供应系统在 24 h 内进入模式 3

表 4-12　监督要求

试验项目	频度
可用性试验（启动和加载）：带 90%～100% 负载并网运行 3 h	每月
可用性试验（快速启动和带负载）：带 90%～100% 负载并网运行 3 h	每 6 个月
失去厂外电源及保护脱扣旁通试验：按照设计带载程序确定的实际负载运行 2.5 h	每换料周期
甩设计负载及热启动试验：带 90%～100% 负载并网运行 2.5 h	每换料周期
负载持续性试验：带 90%～100% 负载并网运行 8 h	每换料周期
独立性验证试验	10 年或有影响独立性的设计变更

2）预防性维修：在机组大修期间开展。

4.2.1.7　AP1000 系列核电机组

1）技术规格书投资保护的短期可用性控制（STAC）：AP1000 配备有 2 台备用柴油发电机，为非安全级电源。作为重要非安全相关系统，在功率运行模式下作为投资保护条款要求一台可用。其可用性要求包含的具体限值有：燃油贮存罐燃油量、燃油输送泵，以及柴油机相关支持系统可用。发生不可用时的措施见表 4-13，监督要求见表 4-14。

表 4-13　发生不可用时的措施

备用柴油机不可用	14 d 内恢复柴油机至可运行状态，且在 72 h 内报告主管领导或值班领导
备用柴油机不可用时需采取的措施和相应的完成时间未满足	1 d 内向主管领导或值班领导提交临时补救措施、不可运行的起因和恢复可运行计划的详细报告。且在 1 个月内在电厂文档中记录将功能恢复至可用所采取措施

表 4-14　监督要求

试验项目	频度
启动试验：验证规定的备用柴油发电机成功启动，且运行时保持输出功率大于 6 000 kW 1 h 以上	每 92 天
负载持续性试验：验证每台备用柴油发电机成功启动，且运行时保持输出功率大于 6 000 kW 24 h 以上。在试验期间两台柴油发电机应同时运行	每 10 年

2）预防性维修：在机组大修期间开展。

在技术规格书投资保护的短期可用性控制（STAC）相关监督要求规定的定期试验项目之外，海阳核电厂根据能动核电厂行业经验，制定了每个月执行的备用柴油机月度部分带载试验（70%功率），三门核电厂根据能动核电厂经验反馈，制定了每三个月执行的备用柴油机启动空载试验（0%功率）。

4.2.1.8　CANDU 堆

1）LCO：CANDU 堆两台机组配备有 2 台应急柴油发电机，功率运行模式下要求全部可用，且至少 1 台柴油发电机在收到失去Ⅳ级电源信号和/或 LOCA 信号时能向Ⅲ级负载供电，母线 E 和 F 的自动加载序列正确。其可用性包含的具体限值有：柴油罐储量、润滑油储量、压空罐压力，以及柴油机相关支持系统可用。发生不可用时的措施见表 4-15，监督要求见表 4-16。

表 4-15   发生不可用时的措施

无法向奇母线或偶母线供电	1 周内确认备用柴油发电机的可用性，增加监督试验 16.3.19.1.4 SR2 和 16.3.19.1.4 SR3 的频率。 且 4 周内恢复柴油机至可运行状态
无法向奇母线和偶母线供电	24 h 内至少恢复 1 台柴油机至可运行状态
需采取的措施和相应的完成时间未满足	8 h 内进入模式 2，且 24 h 内进入模式 4

表 4-16   监督要求

试验项目	频度
启动试验：验证柴油发电机成功启动，电压和频率保持稳定	每 31 d
验证柴油发电机在收到失去Ⅳ级电源信号后成功启动	每 24 个月
验证柴油发电机在收到 LOCA 信号后成功启动	每 24 个月
验证柴油发电机在 30 s 内从备用状态成功启动，电压和频率保持稳定	24 个月，大修期间
甩最大负载试验	每 24 个月

2）预防性维修：在机组大修期间开展。

4.2.2   应急柴油发电机组的定期试验要求

核电厂定期试验是指在核电厂的整个寿期内按照确定的周期和方法进行的定期检验；确保核安全相关功能中涉及设备的性能与其设计时规定数值的一致性并正确执行其功能。定期试验按照一定周期和固定的方式执行定期检查和验证操作，并确认试验的结果是否与预期准则保持一致。定期试验包括三个重要的因素：技术检查、固定方式、固定周期。其中定期试验中固定的操作方式和实施方法在代表性方面是事先经过实践证明了的，试验所要满足的预期准则也已经确定，通过试验将测量或试验的结果与其相比较，判断安全设备的能力。通过定期试验可以及时地检测系统、设备的性能状态，发现问题并及时维修，保证这些系统与设备处于可用状态。特别是安全相关构筑物、系统或部件是否能继续执行其功能或者是在执行其功能的备用状态，通过对安全重要的系统、部件的定期检查与试验，可以达到下列作用：

——持续保障安全级和非安全级设备或系统的可用性；

——确保安全设计基准不发生改变；

—确保用于事故分析的假设得到遵守；

—确保反应堆保护系统（安全功能）可用性标准的控制；

—确保必需事故规程的可应用性。

4.2.2.1　应急柴油发电机定期试验的相关标准要求

按照相关标准和规范及核电厂《安全相关系统和设备定期试验监督要求》的规定，为验证应急柴油发电机组的可用性和各项指标性能，应进行定期试验。国内压水堆核电厂应急柴油发电机组定期试验的具体内容略有差异，但主要试验项目基本一致。目前共有 9 个与应急柴油发电机组定期试验相关的标准和规范（表 4-17），当前国内广核系核电厂多以法系 M310 及改进堆型为主，核电厂应急柴油发电机组的定期试验主要的依据为《900 MWe 压水堆核电厂核岛电气设备设计和建造规则》（RCC-E）、《900 MWe 压水堆核电厂系统设计和建造规则》（RCC-P）以及法系参考核电厂运行技术规格书相关要求，俄系 VVER 机组参考《核电厂备用电源用柴油发电机组标准准则》（IEEE 387—1995），美系 AP1000 机组柴油发电机组为非安全级设备，其试验按照 ASME OM 和部分 IEEE 387—1995 适用条款执行。由于 RCC-E 及 RCC-P 对于核电厂应急柴油发电机组定期试验的要求内容较为简略，仅规定了定期试验频率，对于具体试验内容并未详细提及，其整体可操作性不强。所以现在国内核电厂的定期试验也开始逐步参考《核电厂应急柴油发电机组设计和试验要求》（NB/T 20485—2018），但并未完全按该标准规定的定期试验要求执行。

表 4-17　应急柴油发电机组定期试验相关的标准和规范

编号	名称	国家或机构	对定期试验是否有要求	对启动方式是否有要求
HAF 102	《核动力厂设计安全规定》	中国	是	否
HAD 102/13	《核动力厂电力系统设计》	中国	是	否
RCC-E	《900 MWe 压水堆核电厂核岛电气设备设计和建造规则》	法国	是	否
RCC-P	《900 MW 压水堆核电厂系统设计和建造规则》	法国	是	否
IEEE 387—1995	《核电厂备用电源用柴油发电机组标准准则》	美国	是	是
EJ/T 625—2004	《核电厂备用电源用柴油发电机组准则》	中国	是	是
KTA-3702	《核电厂应急发电设施》	德国	是	是
NS-G-1.8	《核安全导则》	IAEA	是	是
NRC RG1.9	《美国核管理委员会管理导则》	美国	是	是

4.2.2.2　法系与美系核电厂应急柴油发电机组定期试验要求

（1）法系核电厂应急柴油发电机组定期试验标准

我国中广核集团相关核电厂以及中核集团 60 万 kW 相关核电厂应急柴油发电机组定期试验主要参考依据为法国《900 MWe 压水堆核电厂核岛电气设备设计和建造规则》（RCC-E）及参考电厂运行技术规格书，而中广核华龙一号核电厂应急柴油发电机组定期试验主要参考依据为法国《900 MWe 压水堆核电厂核岛电气设备设计和建造规则》（RCC-E）。两者在应急柴油发电机组定期试验方面的要求基本一致，其主要内容如表 4-18 所示。

表 4-18　法系核电厂应急柴油发电机组定期试验要求

试验名称	试验目的	试验周期
应急柴油发电机组低功率试验	快速启动，验证启动时间及带载顺序	每月执行一次
应急柴油发电机组满功率试验	验证柴油发电机组向专设应急安全设备提供额定功率的能力	每次停堆换料执行一次

（2）美系核电厂应急柴油发电机组定期试验标准

美系核电厂主要依据美系 IEEE 387—1995 制定应急柴油发电机组定期试验要求，其与法系核电厂应急柴油发电机组定期试验要求差异较大。目前，我国核电厂应急柴油发电机组定期试验正逐步改进参照 IEEE 387—1995 执行。该标准对于应急柴油发电机组定期试验的主要要求如表 4-19 所示。

表 4-19　IEEE 387—1995 应急柴油发电机组定期试验要求

序号	试验项目	月度	6 个月	停堆换料	10 年
1	慢启动试验	√			
2	带载试验	√			
3	快启动和带载试验		√		
4	失去厂外电试验			√	
5	安注信号试验			√	
6	安注与失去厂外电信号叠加试验			√	
7	甩最大单个负荷试验			√	
8	甩设计负荷试验			√	

序号	试验项目	月度	6 个月	停堆换料	10 年
9	负荷持续性试验			√	
10	热启动试验			√	
11	同步试验			√	
12	保护脱扣旁通试验			√	
13	试验模式终止试验			√	
14	独立性试验				√

由表 4-19 可知，标准 IEEE 387—1995 提出了较为全面的定期试验模式：定期试验应包括可用性试验、系统运行试验和独立性验证试验。其中，可用性试验包括慢启动试验和带载试验（月度试验）以及快启动和带载试验（半年试验）；系统运行试验包括失去厂外电试验、安注信号试验、安注及失去厂外电信号叠加试验、甩最大负载试验、甩设计负载试验、负载持续性试验、热启动试验、同步试验、保护脱扣旁路试验和试验模式终止试验，以上试验均在停堆换料期间执行；独立性验证试验只包括独立性试验，每 10 年执行一次。具体试验内容和要求如下：

1）慢启动试验。该试验项目是基于美国核电厂早期的运行经验，采取的改进试验方法。由于之前应急柴油发电机组实施了过多不必要的快启动试验，实际加速了应急柴油发电机组的老化，应急柴油发电机组的可靠性反而不能得到保障。启动方式由快启动变为慢启动，改变后的启动方式是按预先选择的能使机组应力和磨损降到最低程度的时序达到额定转速。该试验为可用性试验，试验周期为 1 个月。

2）带载试验。通过对柴油发电机组施加持续额定功率 90%～100%的负载运行不少于 1 h，直到达到温度平衡，以验证机组的带负载运行能力，并对柴油发电机组进行运行保养和检查。该试验可通过使发电机与厂外电源同步的方式完成。试验中机组的加载和卸载应保持逐步平缓的状态，并遵循能使机组应力和磨损降到最低程度的规程执行。该试验为可用性试验，试验周期为 1 个月。

3）快启动和带载试验。该试验项目是基于美国核电厂早期的运行经验，采取的改进试验方法。将原来的每月进行一次快速启动变更为每 6 个月一次，这样大幅降低了快启动试验的试验频率，从而减少了柴油机的机械磨损和老化。但是考虑到在发生失去厂外电或发生设计基准事故后，应急柴油发电机组需要在规定的时间内达到额定频率及额定电压并带载。因此，核电营运单位依然需要对应急柴油发电机组的快启动以及带载能力进行充分验证，而 IEEE 387—1995 所规定的半年试验则实现了对应急柴油发电机组快启动带载能力的验证又尽量避免了频繁快启动对应急柴油发电机组的磨损及老化。该试验为可用性试验，试验周期为 6 个月。

4）失去厂外电试验。该试验项目主要验证在失去厂外电这一工况下，应急母线甩负载以及应急柴油发电机组自动启动并在规定时间内带载的能力。试验要求在产生失去厂外电信号时，应急母线应按照要求甩掉相关负载，应急柴油发电机组从备用条件下自动启动，其电压和频率应在规定的时间内达到带载要求并按带载程序带上相应的事故负载并至少运行 5 min。

5）安注信号试验。该试验项目主要验证在产生安注信号时，应急柴油发电机组自动启动的能力。试验要求在产生安注信号时，应急柴油发电机组从备用条件下自动启动，其电压和频率应在规定的时间内达到带载要求并在备用状态至少运行 5 min。

6）安注与失去厂外电信号叠加试验。该试验项目主要验证在发生安注的同时叠加失去厂外电的事故工况下，应急母线甩负载以及应急柴油发电机组自动启动并在规定时间内带载的能力。试验要求在产生安注叠加失去厂外电信号时，应急母线应按照要求甩掉相关负载，应急柴油发电机组从备用条件下自动启动，其电压和频率应在规定的时间内达到带载要求，按带载顺序带相应的事故负载并至少运行 5 min。该试验为系统运行试验，试验周期为每个换料周期。

由于安注与失去厂外电信号叠加试验与失去厂外电试验以及安注信号试验存在一定的重复性，在已验证安注信号以及失去厂外电信号通路完整的情况下，营运单位可在定期试验中免去失去厂外电试验和安注信号试验，直接执行安注与失去厂外电信号叠加试验。

7）甩最大单个负载试验。本试验项目主要验证应急柴油发电机组在带载期间失去最大单个负载之后抗扰动的能力。试验要求应急柴油发电机组在带载期间失去最大单个负载之后，应能保证电压和频率的波动在允许范围之内且不会因超速而脱扣，以验证在此种情况下，应急柴油发电机组抗干扰且能持续向应急母线供电的能力。该试验为系统运行试验，试验周期为每个换料周期。

8）甩设计负载试验。本试验项目主要验证应急柴油发电机组在甩设计负载之后不会因超速而脱扣的能力。试验要求应急柴油发电机组甩其设计负载，即对应 90%～100% 额定功率的负载，机组不因超速而脱扣。该试验为系统运行试验，试验周期为每个换料周期。

9）负载持续性试验。本试验项目是验证在失去厂外电且厂外电长时间不能恢复，应急柴油发电机组应具备带负载长时间运转的能力。试验要求应急柴油发电机组应并网满负载运行不少于 8 h。其中 2 h 为短时额定功率的负载，6 h 为相当于90%～100%持续额定功率的负载。整个试验过程中电压和频率应符合要求。该试验为系统运行试验，试验周期为每个换料周期。

10）热启动试验。本试验项目是验证应急柴油发电机组在满功率运行卸载后重新启动的能力。试验要求应急柴油发电机组本体在满功率运行的温度条件下接收到自动启动信号启动或者手动启动并至少运行 5 min，其电压和频率应能在要求的时间内达到带载要求。

11）同步试验。本试验项目是验证当厂外电恢复时，应急母线负载转由厂外电供电而应急柴油发电机组恢复至备用状态的过程。试验要求为应急柴油发电机组与厂外电源并网同步、断开应急柴油发电机组、应急柴油发电机组恢复至备用状态。

该试验适用于在厂外电恢复过程中，先由应急柴油发电机组并网再退出应急柴油发电机组的核电厂，对于此种厂外电恢复过程，有利于保证安全级负载不会失电。

12）保护脱扣旁通试验。本试验项目是验证应急柴油发电机组在应急启动的工况下能够自动旁通特定的保护脱扣，对于保护柴油机和发电机本体的重要保护（如超速保护、发电机差动保护等）则不予旁通。

为保护应急柴油发电机组本体，该试验可通过二次侧予以信号模拟验证保护是否脱扣，该试验为系统运行试验，试验周期为每个换料周期。

13）试验模式终止试验。本试验项目是验证当应急柴油发电机组并网带载试验时，应急安注信号能够使应急柴油发电机组终止试验恢复至备用状态。

14）独立性试验。本试验是为了验证两列冗余的应急柴油发电机组同时启动并运转（无负载），不会发现潜在的共因故障。该试验为独立性验证试验，试验周期为 10 年。

4.2.2.3　法系与美系核电厂应急柴油发电机组定期试验要求的主要差异

对于月度试验，美系标准要求执行慢启动及满载试验，而法系标准则依然要求执行快启动及低功率试验。

对于半年试验，美系标准要求执行快启动及满载试验，法系标准无相关要求。

对于停堆换料期间的系统运行试验，美系标准要求全面验证应急柴油发电机组各项安全功能的可靠性，而法系标准则并未细化相关试验要求，国内中广核集团相关的核电厂以及中核集团 60 万 kW 核电厂普遍根据法系参考电厂运行技术规格书制定应急柴油发电机组的试验项目。

4.2.2.4 我国依据 RCC 规范开展应急柴油发电机组定期试验情况

阳江、宁德、红沿河、防城港一期、秦山二期、昌江等具有代表性的二代改进型核电厂以及采用广核"华龙一号"技术的防城港二期核电项目应急柴油发电机组定期试验主要参考 RCC 规范,即仅开展月度低负载快启动试验以及换料停堆期间的满功率试验,与 IEEE 387—1995 差异较大,其定期试验主要内容如表 4-20 和表 4-21 所示。

表 4-20　二代改进型核电厂应急柴油发电机组典型定期试验要求

序号	试验项目	月度	停堆换料
1	快启动低功率	√	
2	满功率试验		√
3	由安注和安注贮存器设置的启动命令		√
4	由安全壳压力高高（HHCP）和 HHCP 贮存器设置的启动命令		√
5	LGB/C 失电压		√
6	LHA/B 失电压		√
7	超速探测器校验		√
8	其他辅助系统的相关试验		√

表 4-21　广核"华龙一号"核电厂应急柴油发电机组典型定期试验要求

序号	试验项目	月度	停堆换料
1	快启动	√	
2	LHA/B/C 母线切换至应急柴油机供电所需断路器动作正确		√
3	LHA/B/C 母线低电压		√
4	每台应急柴油发电机的加载逻辑正确		√
5	EDG 在大于应急工况设计负荷下持续运行 2 h		√
6	EDG 甩 90% 及以上设计负荷,不会引起超速保护动作停机		√
7	每台 EDG 在加载最大负荷过程中,输出电压和频率维持在允许范围内		√

快启动低功率试验的目的是验证柴油机可以在要求的时间内启动并为母线供电,下游负荷以正确的顺序加载。满功率试验的目的是验证柴油机提供额定功率的能力,柴油机相关辅助系统和参数运行正常。除上述 RCC 规范要求的定期试验项目外,根据监督

要求相关核电厂还将在换料停堆期间执行其他 EDG 相关定期试验项目。

其中，由安注和安注贮存器设置的启动命令试验的目的是验证安注和安注贮存器设置的启动柴油机命令正常触发。由安全壳压力高高（HHCP）和 HHCP 贮存器设置的启动命令试验的目的是验证安全壳压力高高（HHCP）和 HHCP 贮存器设置的启动柴油机命令正常触发。LGB/C 失电压试验的目的是验证 LGB/C 失电压启动柴油机信号。LHA/B 失电压试验的目的是验证 LHA/B 失电压启动柴油机信号。此外，监督要求还提出应当在换料大修期间开展超速探测器校验，对柴油机超速探测器定值进行检查。

其他辅助系统的相关试验还包括柴油机部分辅助系统（润滑油回路、水回路、燃油回路、启动空气回路和排气回路）在低功率试验和满功率试验期间进行的检查，以及通过远控手动操作燃油阀门在日用燃油罐紧急排油试验中验证的其他辅助系统（防火保护）、在满功率试验中验证的传输泵 101PO 或 102PO 停运，在风机启动和报警试验中验证的厂房通风 DVD 风机全部停运功能等。

与《核电厂应急柴油发电机组设计和试验要求》（NB/T 20485—2018）（IEEE 387—1995）相比，依据 RCC 规范开展应急柴油发电机组定期试验的主要差异如下：

1）启动方式不同。IEEE 387—1995 中定期试验说明了两种启动试验要求：慢启动试验即证明应急柴油发电机组在备用条件下正常启动的能力，并验证达到了要求的设计电压和频率。机组宜按预先选择的，能使应力和磨损降到最低程度的时序达到额定转速。快启动试验：证明每台应急柴油发电机组从备用条件（如果核电厂有正常运行预热系统，这也是其备用条件）下启动，验证应急柴油发电机组的电压和频率能按照核电厂技术规格书的要求在可接受的时间内达到可接受的限值内。

IEEE 387—1995 要求每个月执行 1 次慢启动试验，6 个月执行 1 次快启动试验。而目前我国依据 RCC 规范开展应急柴油发电机组定期试验的机组基本遵循早期的设计标准未设置慢启动模式，应急柴油发电机组启动方式均为快启动模式。启动时间多为 10～15 s，虽然应急柴油发电机运行及试验是处于热备用状态，有良好的预热预润滑状态，但大型柴油机因其部件转动惯量大，其启动速度要比小型柴油机慢得多。为了满足应急快速启动的需要，柴油机在设计中均考虑了采用加大高压空气进气量和延长进气时间的方式来加速设备启动，这种方式往往会给柴油机的零部件带来较大伤害和磨损。

NRC 相关技术分析报告提到，应急柴油机在热备用状态快速启动后立即带载运行易造成磨损和老化，损伤原因是较大的机械应力和热应力、加速阶段运动部件润滑不足和剧烈变化的燃烧室压力。这种启动方式会影响设备的寿命和可靠性。

2）月度试验带负载功率不同。IEEE 387—1995 要求应急柴油发电机组每月执行 1 次带载试验，机组持续额定功率 90%～100%的负载运行不少于 1 h，直到柴油机达到温度平衡，以证明机组的带负载运行能力。目前，我国依据 RCC 规范开展的应急柴油发电机组定期试验包含低功率试验和满功率试验两种，低功率试验通过切断正常电源带厂用负荷进行；满功率试验通过与厂外电源并网后进行。现在大部分核电厂应急柴油发电机组执行每月 1 次的启动和部分功率试验：由主控制室进行启动控制，发电机通过应急配电盘带 40%额定功率负荷运行一定时间，柴油发电机组的全部保护都投入运行；反应堆停堆换料期间的 1 次满负荷试验：将应急柴油发电机组接入电网，并带满负荷运行一定时间，全部保护投入运行。

月度低功率试验主要采取正常运行情况下断开上游配电系统开关模拟 LOOP 工况启动柴油发电机组带载，此种情况不仅带来一定的运行风险，同时也导致应急柴油发电机带载功率在 40%额定功率以下。依据 RCC 规范开展的月度可用性试验未采取并网满负荷试验方式的主要原因是受到中压开关柜开断短路电流能力的限制。我国核电厂应急柴油发电机组额定功率普遍较大，应急柴油发电机组并网运行状态时中压厂用电系统三相短路电流存在超过断路器开断能力的风险。核电厂应急柴油发电机组带载试验时需要确保机组正常运行状态下，应急柴油发电机并网且短路电流在中压断路器开关能力之内的情况下，才能保证应急柴油发电机带满载试验可行。

但是应急柴油发电机组执行月度负荷率低于 40%额定功率试验时会导致以下问题：

①应急柴油发电机组长期在低功率时难以及时发现满功率情况下机组可能存在的问题。一旦在核电厂检修过程中发现 EDG 并网满功率试验存在的问题，检修时间就会延长，带来一定经济损失。

②对于柴油机运行在轻载或低负荷工况时，由于增压器工作在低效率区，供气量不足即过量空气系数太小，各缸供油量又极不均匀，空气与燃料的配合比例严重失调，因此气缸内燃烧状况恶化，外在的表现就是各缸排气温度相差很大，排气冒黑烟，如在此状况下长时间运行，会造成气缸内积碳增加，污染涡轮机叶轮，堵塞喷油器的喷孔，影响排气阀的正常工作，导致机组的性能变差，甚至还可能会导致系统设备与阀件的故障，最终影响到设备的使用寿命。

综上所述，应急柴油发电机组带负载试验的功率宜大于其额定功率50%，以避免应急柴油发电机组低功率运行所带来的弊端。为实现上述要求，核电厂应急柴油发电机组可考虑采取并网或接入移动负载的方式执行定期试验，以确保柴油发电机组带负载的功率大于其额定功率 50%。

3）其他试验项目的缺失及其适用性分析。

①负载持续性试验。该试验内容适用于我国各个能动型核电厂，且应引起营运单位重视。当前我国依据 RCC 规范开展的满功率试验所采取的应急柴油发电机组并网带载时间普遍较为短暂，不能充分验证应急柴油发电机组应具备的带负载长时间运转的能力。

②热重启试验。由于厂外电的快速恢复存在一定的不稳定因素，存在短期内再度丧失的可能性，该试验项目即为验证在此工况下，应急柴油发电机组重复启动的可靠性。该试验项目具有实际意义且适用于我国核电厂实际情况，而我国依据 RCC 规范开展定期试验的核电厂对此试验项目普遍忽视，并未严格执行。

③同步试验。由于我国依据 RCC 规范开展定期试验的核电厂应急柴油发电机组设计上未考虑同步试验要求，应急柴油发电机出口断路器在并网模式下不具备自动跳开逻辑，如果开展柴油机同步试验，在试验期间收到机组安喷、安注等应急信号，相关设计逻辑可能导致柴油机返送电至上游厂用电，因此在开展同步试验前，需对相关断路器自动跳开逻辑进行设计改进。

④试验模式终止试验。由于我国依据 RCC 规范开展定期试验的核电厂应急柴油发电机组设计上未考虑试验模式终止试验要求，应急柴油发电机出口断路器在并网期间不具备自动跳开逻辑，在开展柴油机并网带载试验时，如果试验期间收到机组安喷、安注等应急信号，根据当前的设计逻辑应急柴油发电机不会返回备用模式，因此无法执行该试验。

4.2.2.5　其他核电厂应急柴油发电机定期试验情况

除了上述阳江、宁德、红沿河、防城港一期、秦山二期、昌江等具有代表性的二代改进型核电厂以及采用广核"华龙一号"技术的防城港二期核电项目外，我国自主建设的 CNP300 型秦山一期、田湾 VVER 堆型，以及方家山、福清等 CNP1000 型核电厂定期试验方式基本参照《核电厂应急柴油发电机组设计和试验要求》（NB/T 20485—2018）（IEEE 387—1995）执行。其中田湾核电厂 5～6 号机组定期试验完全符合 NB/T 20485—2018（IEEE 387—1995）要求。

方家山 1～2 号机组和福清 1～4 号机组基本参照 NB/T 20485—2018（IEEE 387—1995）要求执行定期试验，仅"热启动试验""同步试验""试验模式终止试验"存在一定差异，相关应急柴油发电机定期试验项目见表 4-22。

表 4-22 方家山 1～2 号以及福清 1～4 号机组应急柴油发电机定期试验项目

试验项目	周期	试验项目	周期
慢启动试验	每月	甩设计负荷试验	1c
带载试验（90%～100%）	每月	负荷持续性试验	1c
快速启动试验	6 个月	热启动试验	—
失去厂外电源试验	1c*	同步试验	—
安注信号试验	1c	保护脱扣旁通试验	1c
安注与失去厂外电信号叠加试验	1c	试验模式终止试验	—
甩最大单个负荷试验	1c	独立性试验	10 年

注：* 1c 代表 1 个燃料循环，下同。

"同步试验"是验证当厂外电恢复时，应急母线负载转由厂外电供电而应急柴油发电机组恢复至备用状态的过程。正常的试验步骤是接到外电网恢复信号后，柴油机断开出口断路器，转为备用状态。方家山 EDG 是 MTU 的柴油机，没有设置断路器自动跳开逻辑，由于系统设计原因不能开展"同步试验"。田湾核电厂 5、6 号机组在建设阶段根据方家山经验反馈，针对断路器自动跳开逻辑进行了设计改进，因此可执行"同步试验"。

此外，方家山核电厂是中核第一个试点使用 NB/T 20485—2018（IEEE 387—1995）标准的法系电厂，在法系转美系时，没有将热启动试验列入监督要求中，福清 1～4 号机组参考方家山经验同样未执行热启动试验项目。

方家山 1、2 号机组和福清 1～4 号机组的"试验模式终止试验"只能做一部分，其原因在于 NB/T 20485—2018（IEEE 387—1995）规定的"试验模式终止试验"项目是验证当应急柴油发电机组并网带载时，应急安注等信号能够使应急柴油发电机组终止试验恢复至备用状态。由于方家山采购的 MTU 的柴油机没有断路器自动跳开逻辑，所以在发生应急安注等信号时不能自动断开断路器。方家山 1、2 号机组和福清 1～4 号机组的实际做法是先手动断开断路器，使柴油机空载，安注信号触发使 EDG 转备用状态，因此其试验过程不能验证 NB/T 20485—2018（IEEE 387—1995）的要求。

福清核电厂 5、6 号机组采用中核华龙技术，其应急柴油发电机定期试验项目如表 4-23 所示，与 NB/T 20485—2018（IEEE 387—1995）相比，中核华龙应急柴油发电机定期试验项目的主要区别在于其每两个月执行一次低负载快启动试验，而不执行月度慢启动试验。此外，由于柴油机没有出口断路器自动跳开逻辑，相关机组并未参考

NB/T 20485—2018（IEEE 387—1995）执行同步试验和试验模式终止试验。

表 4-23　福清核电厂 5～6 号机组应急柴油发电机定期试验项目

试验项目	周期	试验项目	周期
慢启动试验	—	甩设计负荷试验	1c
带载试验（30%～40%）	62 天	负荷持续性试验	1c
快启动试验	62 天	热启动试验	1c
失去厂外电源试验	1c	同步试验	
安注信号试验	1c	保护脱扣旁通试验	1c
安注与失去厂外电信号叠加试验	1c	试验模式终止试验	—
甩最大单个负荷试验	1c	独立性试验	10 年

田湾核电厂 1～4 号机组采用 VVER 核电技术，其应急柴油发电机定期试验项目如表 4-24 所示。与 NB/T 20485—2018（IEEE 387—1995）相比，其开展的是两月一次的满负载快启动试验，不执行月度慢启动试验。此外，田湾核电厂 1～4 号机组也不执行 NB/T 20485—2018（IEEE 387—1995）规定的多项停堆换料期间的试验。

表 4-24　田湾核电厂 1～4 号机组应急柴油发电机定期试验项目

试验项目	周期	试验项目	周期
慢启动试验	—	甩设计负荷试验	—
带载试验（90%～100%）	62 天	负荷持续性试验	—
快启动试验	62 天	热启动试验	—
失去厂外电源试验	—	同步试验	1c
安注信号试验	—	保护脱扣旁通试验	
安注与失去厂外电信号叠加试验	—	试验模式终止试验	
甩最大单个负荷试验	—	独立性试验	—

华能集团高温气冷堆核电站示范工程配置两台应急柴油发电机组，其应急柴油发电机组的定期试验项目如表 4-25 所示。高温气冷堆核电站示范工程基本参考了 NB/T 20485—2018（IEEE 387—1995）的要求开展 EDG 定期试验，由于其 EDG 未配置慢启动模式，不执行月度慢启动试验；此外高温气冷堆采用非能动安全系统设计，系统

配置上与传统压水堆存在较大区别，并无安注等系统，因此高温气冷堆 EDG 不需要执行安注信号试验、安注与失去厂外电信号叠加联合试验和试验模式终止试验；由于高温气冷堆 EDG 出口断路器未设计自动跳开逻辑，因此不执行同步试验；此外，高温气冷堆定期试验项目也未执行行业标准中甩最大单个负荷试验。

表 4-25   华能集团高温气冷堆核电站示范工程应急柴油发电机定期试验项目

试验名称（应急柴油发电机组）	周期	试验名称（应急柴油发电机组）	周期
可用性试验(启动和加载、快启动和带负载)	1 个月	独立性验证试验	10 年或有影响独立性的设计变更
失去厂外电源及保护脱扣旁通试验	1c	电缆外观检查	1c
甩设计负载及热启动试验	1c	开关柜、电气箱体的设备机械结构的完好性和可操作性检查	1c
负载持续性	1c		

综上所述，中核集团核电厂（除 60 万 kW 机组之外）和华能集团高温气冷堆核电站示范工程基本参考 NB/T 20485—2018（IEEE 387—1995）的要求开展 EDG 定期试验，能够相对全面地验证 EDG 的设计工况及要求。中广核所有电厂均根据 RCC 规范开展 EDG 定期试验，仅开展月度低负载快启动试验，以及换料停堆期间的满功率试验，与 NB/T 20485—2018（IEEE 387—1995）差异较大。

4.2.2.6   非能动核电厂备用柴油发电机定期试验项目

AP1000 依托项目以及后续"国和一号"等非能动核电厂备用柴油发电机组基本参考 NB/T 20485—2018（IEEE 387—1995）相关要求开展定期试验，其定期试验项目见表 4-26，包括带载试验、失去厂外电试验、甩最大单个负荷试验、甩设计负荷试验、负荷持续性试验、热启动试验、同步试验、保护脱扣旁通试验、试验模式终止试验和独立性试验，其他试验项目因机组配置差异不适用而未执行。具体而言，根据非能动核电厂厂内备用电源系统说明书，每台备用柴油机在接到启动信号 120 s 内自动启动、加速到额定转速、建立额定电压，并达到准备带载状态。非能动核电厂备用柴油机仅具备上述一种启动方式，没有慢启动和快启动的区别。不开展安注信号试验、安全与失去厂外电信号叠加试验的原因是备用柴油发电机组启动信号只有对应母线低电压信号，无安注信号。

表 4-26　非能动核电厂备用柴油发电机定期试验项目

	试验项目	周期
三门、海阳、国和一号（陕柴公司）	慢启动试验	93 天
	带载试验（90%～100%）	93 天
	快启动试验	—
	失去厂外电试验	1c
	安注信号试验	—
	安注与失去厂外电信号叠加试验	—
	甩最大单个负荷试验	1c
	甩设计负荷试验	1c
	负荷持续性试验	1c
	热启动试验	1c
	同步试验	1c
	保护脱扣旁通试验	1c
	试验模式终止试验	1c
	独立性试验	10 年

除上述要求的试验项目外，三门核电还根据经验反馈，每三个月执行一次备用柴油机定期空载试验（空载启动运行 5 min，与带载试验错开执行，即每一个半月启动一次），海阳核电还根据经验反馈每月执行一次备用柴油机月度试验（68%～72%负荷，>1 h）。

4.3　应急柴油发电机的维修管理

美国核电厂应急柴油机的预防性维修大多以在线维修为主，有专门的可靠性管理大纲，规定了柴油机试验维修试验、性能指标、数据采集等。1999 年 NRC 在 10CFR50.65（维修规则）中新增 a（4）条款，即"在完成维修活动前（包括但不限于定期试验、维修后试验、纠正性维修和预防性维修），申请者应该评价和管理可能来自计划维修活动所导致的风险增量。要求各核电厂必须对 SSC 的维修活动进行风险评价，需要对通过风险指引评估表明对公众健康和安全是重要的 SSC 进行评价"。这一条款规定对电厂配置变更所带来的风险增量进行评价，进而管控风险。维修规则是指导同时对安全相关系统

（功能）进行在线维修的基础。技术规格书对机组各运行模式下的重要安全功能/设备提出了明确的要求，对于不可用设备规定了明确的行动措施和时间限制。美国核工业界曾与 NRC 讨论并最终确认不禁止因实施在线维修人为进入 LCO 的情形。随着风险指引型技术在技术规格书领域的广泛使用，美国标准技术规格书 LCO 3.8.1 中一列柴油机不可用的恢复时间要求已升版为"72 h 或根据 RICT（基于风险指引的完成时间）"确定。因此，随着维修规则的应用和技术规格书的升版，美国至少 75%核电机组的应急柴油机都安排了在线维修，并且 EPRI 发布了 EPRI-1009708，为规划和有效开展在线维修活动提供了总体策略和实施指南。

我国大部分核电厂由于运行技术规格书限制，对于应急柴油机预防性维修活动大部分只能安排在停堆期间。运行技术规范规定：只有在运行技术规范中以"限制条件"形式规定，为实现预防性维修或者正常运行操作而产生的第一组事件才被允许，并且必须遵守"限制条件"的使用条件，维修时间（包括隔离、解除隔离、再鉴定）不能超出运行技术规范所规定的时间。近年来，国家核安全局积极推动风险指引型核安全监管理念，先后于 2017 年和 2019 年发布《改进核电厂维修有效性的技术政策（试行）》和《核电厂配置风险管理的技术政策》，具备了美国 NRC 发布的"维修规则"法规和实施在线维修组态风险管理的基础。此外，国家核安全局也在推进中国自主技术规格书编制工作，从根本上破除当前部分电厂技术规格书对实施在线维修的桎梏。具备实施条件的运行核电厂积极开展在线维修试点工作，如田湾核电厂在确保风险可控的前提下，将应急柴油发电机等安全系统维修工作转至机组功率运行期间开展，降低大修工作压力和提高设备的维修质量。

第 5 章

应急柴油发电机组相关法规标准

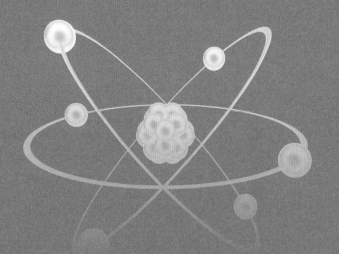

　　应急柴油发电机组是核电厂在失去所有外部电源事故模式下，确保核反应堆余热导出，防止堆芯熔毁的应急安全电源设施。核电厂从进入冷试阶段起，应急柴油发电机组就必须时刻处于应急备用状态，也即准启动状态。因它承担着重要的使命，在设计、制造和试验等方面都对它提出了非常严苛的要求。它必须具有可靠性，在规定的时间内具备输出电能的条件；必须具有很好的加载性能，在规定的时间内能够连续分步加载至满载并能长时间稳定运行；必须具有很好的抗自然灾害的能力，在停堆地震发生时和发生后仍保有正常的功能；必须具有很好的耐用性能，与核岛主设备同寿期。在核电厂正常外部电力供应发生故障时能继续向安全重要用电设备和装置供电，确保反应堆紧急停堆、堆芯热量的排除以及保障安全壳的完整性，最终限制事故的发展和减轻事故的后果。

　　为保证应急柴油发电机组的性能和可靠性，主要核电国家均制定了应急柴油发电机相关法规标准，对柴油发电机组的设计、制造、鉴定和试验提出相关要求。

5.1　我国核电厂应急柴油发电机组的法规标准

　　与我国核电厂应急柴油发电机组相关的法规主要包括《核动力厂设计安全规定》及配套的电力系统设计导则、防火与防爆设计导则等。

　　2016年10月26日，国家核安全局批准发布了《核动力厂设计安全规定》（HAF 102—2016），该法规的6.6节应急动力供应原则性地规范了应对丧失场外电源的设计要求，其中，对核动力厂丧失场外电源的动力供应，应急动力源的容量、可用性及运行时间，应急动力源的设计基准均提出了原则性的要求。

　　2021年9月30日，国家核安全局批准发布了 HAF 102—2016 的配套导则《核动力厂电力系统设计》（HAD 102/13—2021），代替原导则《核动力厂应急动力系统》（HAD 102/13—1996）。HAD 102/13—2021 中的 5.3 节备用电源（应急电源）相比原导则 5.2.5 应急电源对核电厂应急柴油发电机组提出了更加详细的设计要求，在界定其适用范围为能动型核动力厂的基础上，对非能动核电厂后备电源的使用提出了原则性要求。相比原导则中规定的应急电源应在设计要求的时间内启动并完成顺序带载的安全功能之外，新导则进一步明确了应急电源的基本配置原则，在电压频率波动限值内发生负载特性变化时应急电源能够连续带载的能力。同时对应急电源的定期试验、短时额定功率的验证、电源切换的具体方式等方面均给出了详细的规定。

　　2019年12月31日，国家核安全局批准发布了《核电厂防火与防爆设计》（HAD 102/11—

2019）。该导则对柴油发电机组及其所处构筑物的防火设计提出了详细要求。

随着与应急电源相关的导则发布，我国核工业领域也发布了一系列符合 HAD 102/13 要求的与应急柴油发电机组相关的行业标准。2004 年 2 月 16 日，国防科学技术工业委员会发布《核电厂备用电源用柴油发电机组准则》（EJ/T 625—2004），替代《核电厂备用电源用柴油发电机组准则》（EJ/T 625—1992）和《核电厂备用电源柴油发电机组定期试验》（EJ/T 640—1992），该标准技术内容与美国标准《核电厂备用电源用柴油发电机组准则》（IEEE 387—1995）等同，规定了柴油发电机组的设计、鉴定试验、出厂试验、调试试验和定期试验的具体要求。

2018 年 3 月 22 日，国家能源局联合国家核安全局发布能源行业标准《核电厂应急柴油发电机组设计和试验要求》（NB/T 20485—2018），替代 EJ/T 625—2004，新的行业标准基本延续了《核电厂备用电源用柴油发电机组准则》（IEEE 387—1995）的相关内容和要求。《核电厂应急柴油发电机组设计和试验要求》（NB/T 20485—2018）规定了核电厂应急柴油发电机组的设计和试验要求，适用于核电厂应急柴油发电机组及其空气启动系统、润滑油系统、燃油系统等安全相关部分的设计和应用。

《核电厂应急柴油发电机组设计和试验要求》（NB/T 20485—2018）包括 8 个部分，分别是标准的适用范围、所引用的规范性文件、应急柴油发电机相关术语和定义、应急柴油发电机的设计总要求、基本设计要求、出厂试验（或制造厂产品试验）、鉴定要求和现场试验要求。

2012 年，国家能源局发布《核电厂应对全厂断电设计准则》（NB/T 20066—2012）用于替代《核电厂应付全厂断电设计准则》（EJ/T 1044—1997），该准则由《全厂失电》（RG1.155—1988）转化而来，确定了核电厂应对全厂断电时间能力的方法，并提出了核电厂应急电源可靠性评价机制。

总体来看，在核电厂应急柴油发电机组标准方面，我国已初步建立了应急柴油发电机组设计、鉴定和试验的标准要求。

5.2　美国核电厂应急柴油发电机组的法规标准

5.2.1　核电厂应急柴油发电机组的应用和试验管理

1977 年 NRC 发布了安全导则 RG1.108，对核电站应急柴油发电机的定期试验作出了规定。基于以确认论为基础的电站设计理念中应急柴油发电机在电站丧失厂外电后的重要性，以及当时对应急柴油发电机的认识，RG1.108 制定了相当严格的应急柴油发电机定期试验要求：应急柴油发电机应每 31 天进行一次冷快启动试验，如果之前 100 次有效试验中有 2 次不成功，则此后试验周期缩短为 14 天；若有 3 次不成功则试验周期进一步缩短为 7 天；若有 4 次则每 3 天就必须进行一次试验。这一要求的初衷是敦促那些应急柴油发电机有问题的电站努力改进应急柴油发电机的可靠性，不致因执行频繁的应急柴油发电机启动试验而耗费财力，从而在监管上确保应急柴油发电机的可靠性。但此后的事实表明，这一要求导致电站对应急柴油发电机实施了过多不必要的快启动试验，实际加速了应急柴油发电机的老化，应急柴油发电机的可靠性反而不能得到保障。

从 20 世纪 80 年代开始，NRC 及众多核电站已开始对应急柴油发电机的老化进行研究。NRC 通过其主持的核电站老化研究计划（NPAR）开展了对应急柴油发电机的老化及老化对应急柴油发电机可靠性的影响的研究。根据相关研究结果以及 NRC 发布的 GL83-41，频繁的快启动是导致应急柴油发电机老化及可靠性下降的主要原因之一。为此 NRC 在 1984 年针对改进与保持核电站应急柴油发电机可靠性所发布的 GL84-15 中就已明确指出：鉴于应急柴油发电机在丧失厂外电时的作用，电站应保证应急柴油发电机的可靠性，NRC 将在必要时评价电站在减少应急柴油发电机的冷快启动定期试验、跟踪应急柴油发电机的可靠性数据及制订提高应急柴油发电机可靠性的计划等方面的工作。此后不断有美国核电站提出修改应急柴油发电机定期试验方式的申请，并将此信函作为最为主要的依据之一，用于申请应急柴油发电机的定期试验由快启动改为慢启动或修改外电源出现不可用时对应急柴油发电机的启动试验要求等。

在针对应急柴油发电机的老化及对可靠性的影响进行了大量的研究，以及对应急柴油发电机的设计启动时间等进行了更为现实的安全分析后，NRC 颁布了安全导则《核电站安全级柴油发电机的应用和试验管理导则》RG1.9 第 3 版（认可 IEEE 387—1984）、《核电厂 1E 级应急柴油发电机的选择、设计、鉴定与试验》，RG1.108 随之被废止。该导则明确了应急柴油发电机的月度启动试验应按"预先所确定的产生最小磨损与冲击的步骤慢速启动至额定转速的试验方式"进行，即采用慢启动试验方式。

2007 年 NRC 发布《核电站安全级柴油发电机的应用和试验管理导则》RG1.9 第 4 版（认可 IEEE 387—1995），并进一步要求作为核电厂应急交流电源的 EDG 应能够：

1）连续快速启动和加速大量大型电机负载，同时将电压和频率保持在可接受的范围内。

2）如果同时发生丧失厂外电源（LOOP）和设计基准事故（DBE），EDG 应立即向专设安全设施供电。

3）如果发生扩展 LOOP，EDG 应持续向设备供电，使电厂处于安全状态。通常要求 EDG 工作时间为 30 d。

4）核电厂应通过定期试验（负荷持续性试验）证明 EDG 在连续额定功率和最差功率因数下的带载能力。持续性试验的最佳持续时间是 24 h。在此期间，负荷相当于 EDG 连续额定值的 105%～110%时应为 2 h，负荷相当于 EDG 连续额定值的 90%～100%时应为 22 h。测试过程应验证发电机的频率和电压要求是否得到保持。

2008 年 5 月，NRC 在对美国德累斯顿核电厂 EDG 定期试验程序的充分性进行审查时发现，EDG 试验负荷不满足设计基准事故负荷需求，对其他电厂 EDG 定期试验进行检查还发现试验负荷、最大设计基准负荷、试验持续时间以及 EDG 负荷标定有关的问题。

基于上述问题，2008 年 6 月 2 日 NRC 发布了临时指令（TI 2515/176），要求核动力厂营运单位开展自查，评估 EDG 负载持续性试验的充分性。

2009 年 12 月 10 日，NRC 审查了 65 个核动力厂营运单位上报的信息，其中包括 104 台核电机组和 239 个 1E 级 EDG，评估结论认为：

1）EDG 部件更换、环境变化、负载变化和支持系统的逐步退化都会削弱 EDG 的功率裕度。营运单位应验证其定期试验方法，以确保 EDG 在最大假设事故负载条件下进行测试，证明其执行预期功能的持续能力和可靠性。EDG 应具有足够的功率裕度，以考虑在最差负载条件下缓解 DBE 的不确定性，包括瞬态，假设冗余 EDG 出现单一故障。

2）美国 13 个核电厂的运行技术规范没有规定 EDG 负载持续性试验要求，25 个核电厂的 EDG 负载持续性试验运行时间不到 24 h。经验表明执行 24 h 持续运行试验的核电厂能够发现 EDG 维护或系统改造缺陷导致的部件性能下降的问题，而 TS 测试要求为 8 h（或更短）的核电厂无法发现这些缺陷，维护和维修活动引入的故障模式，只能通过延长监督试验运行时间来检测。对此 NRC 建议根据标准技术规范 STS（NUREG-1430 至 NUREG-1434）将监督试验时间延长至 24 h，以证明 EDG 能够执行其安全功能（在获得补给的情况下具备 30 d 供电能力）。

3）大约 50%的核电厂在进行定期试验时宣布 EDG 不可用。NRC 认为处于与电网同步并网运行的试验模式时，应根据核电厂 TS 宣布 EDG 不可用，并进入运行限制条件。这要求营运单位采取补偿措施降低电厂风险，排除 DBE 期间核电厂安全停堆所需的厂外电源和其他高风险系统出现潜在不可用。

2017 年,美国电气与电子工程师协会(IEEE)根据 NRC 要求升版了 IEEE 387—2017 标准,明确将负载持续性试验的运行时间从 8 h 提升至 24 h。2021 年 1 月,NRC 发布 RG1.9 第 5 版草案,认可了 IEEE 387—2017,并对其进行了补充和澄清,但截至 2023 年年底该草案尚未发布生效。

5.2.2　核电厂应急电源可靠性评价机制

在提升应急电源可靠性的基础上,美国 NRC 于 1988 年发布了管理导则《全厂失电》(RG1.155—1988)。该导则确定了核电厂应对全厂断电的最少可接受时间,而该时间的确定则基于以下因素(表 5-1):

1)厂内应急交流电源系统的冗余度,即可用电源数减去余热排出所需的电源数。

2)每个厂内应急交流电源的可靠度。

3)预期的厂外电源的断电频度。

4)恢复厂外电源需要的时间。

表 5-1　可接受的全厂断电时限能力　　　　　　　　单位:h

厂外电源设计特性组别	应急交流电源配置组别							
	A		B		C		D	
	机组应急柴油发电机可靠度平均值							
	0.975	0.95	0.975	0.95	0.975	0.95	0.975	
P1	2	2	4	4	4	4	4	
P2	4	4	4	4	4	8	8	
P3	4	8	4	8	8	16	8	

通过以上各个要素的计算,核电厂可以确定自身可接受的全厂断电时限能力,而应急电源的可靠度指标则是其中的重要因素,该导则提出了核电厂应急电源的最低可靠度指标,该指标是通过核电厂应急电源最后 20 次、50 次、100 次指令的可靠度平均值来确定的。

除了明确应急电源的可靠度指标,RG1.155 也提出厂内应急交流电源的可靠运行应由一个可靠性大纲来保证,该大纲用来维持和监视每个电源的可靠性水平。一个应急柴油发电机可靠性大纲一般由下述因素组成:

1)每台应急柴油发电机可靠度指标。

2）监视试验和可靠性监控程序，用于跟踪应急柴油发电机性能和支持维修工作。

3）维护程序，用于保证应急柴油发电机达到可靠度指标，并提供故障分析和调查初始原因的能力。

4）信息和数据收集系统，提供可靠性大纲的参数，监测应急柴油发电机已达到的可靠性水平，并与目标值相比较。

5）负责鉴别大纲的各部分以及一个用于检查是否达到可靠性水平和保证可靠性大纲正常运行的管理监视程序。

通过以上通用信函以及管理导则的发布，美国核安全监管当局建立了一套较为完善的核电厂应急电源可靠性评价机制，对于其核安全监管当局以及核电营运单位的工作均具有实际的指导意义。

5.3　法国核电厂应急柴油发电机组的法规标准

法国的应急柴油发电机组鉴定及维护管理体系的建立主要依托法国电力公司（EDF）。法国核电厂由 EDF 负责建造和运营，EDF 从核安全、设备可用率以及建造进度等方面，对核电设备进行监造，并构建了一套适合其公司运营的管理体系，而法国核安全监管当局（原子能安全委员会，ASN）则主要进行合规性审查。总体来看，法国对于核电厂应急电源鉴定及现场试验要求主要依据为《900 MWe 压水堆核电厂核岛电气设备设计和建造规则》（RCC-E）及《900 MWe 压水堆核电厂系统设计和建造规则》（RCC-P）。上述文件规定了 K3 类设备（如柴油发电机组）的基本鉴定方法及流程，同时原则性地提出了应急柴油发电机组定期试验的要求，主要内容包括为核电厂应急柴油发电机组每月执行一次快速启动试验，并在核电厂停堆换料期间执行带载试验。

RCC-E 及 RCC-P 对于核电厂应急电源定期试验的要求内容较为简略，仅规定了定期试验频率，对于具体试验内容并未详细提及，其整体可操作性不强。同时，法国核电厂也针对应急柴油发电机的启动及定期试验采取了改进措施，主要体现在逐步减少应急柴油发电机的启动次数，改进定期试验方式。目前法国国家电力公司已将其核电厂应急柴油发电机一月一次的快启动试验改为交替进行的两月一次的快启动低功率试验及两月一次的启动打油膜试验。

第 6 章

应急柴油发电机组的性能

6.1　可靠性数据

6.1.1　可靠性指标

柴油发电机失效是指由于柴油发电机或其子系统故障，使柴油发电机在有需求时不能启动或运行，失去其安全功能。进行设备可靠性分析时主要的指标包括不可用度和不可靠度（需求失效和运行失效）。

（1）不可用度

设备列不可用的事件称为停运，设备列不可用持续的时间称为停运时间或退出服务时间。在一个数据集中，暴露时间是设备列应该可用的时间。不可用度是停运时间和暴露时间的比率，即系统退出服务时间与其应当可用时间的比率。不可用度包括计划维修不可用度和非计划维修不可用度。

不可用度 P_1：

$$P_1 = \frac{某设备在规定的可用时间内因维修或离线试验造成不可用时间的总和}{某设备规定的可用时间总和}$$

（2）不可靠度

不可靠度主要指设备的启动（需求）失效概率或者运行失效率，如应急柴油发电机启动失效概率、应急柴油发电机运行失效率。

运行失效率 λ（h^{-1}）：

$$\lambda = \frac{某类设备在采集时间区间内运行失效次数的总和}{某类设备在采集时间区间内的运行时间的总和}$$

需求失效概率 P：

$$P = \frac{某类设备在采集时间区间内需要其状态改变时其状态未能改变次数的总和}{某类设备在采集时间区间内需要其状态改变次数的总和}$$

设备可靠性参数的计算方法有两种：经典估计方法和贝叶斯估计方法。

经典估计法是根据采集得到的电厂特征数据直接计算得到可靠性参数，而贝叶斯估计方法是假设可靠性参数是随机变量，以通用数据为先验数据，本电厂的特征数据为样本数据，进行贝叶斯处理得到后验数据。具体计算时，可根据样本数量进行方法确定。

6.1.2　失效模式

应急柴油发电机组的失效模式包括：

启动失效（FS）：当要求启动时设备不能启动，适用于所有通过启动并连续运动（转动、移动）来实现功能的设备。

运转失效（FR）：在要求的任务时间内，设备不能连续运转，适用于所有通过连续运转来完成其功能的设备。

6.1.3　设备边界

应急柴油发电机组的设备边界包括柴油机、发电机、柴油机与发电机之间的联轴节、发电机直至母线端子排；柴油机本体；发电机本体；耦合装置；机油系统；启动系统；冷却水系统；调速及控制系统；励磁系统；供电系统（蓄电池、硅整流器等）。

6.1.4　数据采集来源

核动力厂的设备可靠性数据采集来源主要有运行日志、内部运行事件报告、定期实验报告和维修报告等。应急柴油发电机可靠性数据来源涉及设备的运行、维修、试验等信息，需要对核动力厂运行、维修、试验等活动中的原始数据记录进行采集，并对这些数据记录进行筛选、分配、统计，最终得到可靠性数据的统计结果。

6.1.5　失效判断准则

对于应急柴油发电机的失效判定准则主要参考国家核安全局于 2019 年发布的《核电厂设备可靠性数据采集》（国核安发〔2019〕5 号），与美国 NUREG-CR6823 中核电厂设备可靠性数据统计处理原则一致，具体准则包括：

1）对经过设计改进或工程改造的系统或设备，改进前的部分历史数据有可能不再适用，一般情况下应将改进前的数据记录从统计结果中剔除，但这会降低样本空间，所以需要研究设计改进或工程改造是否会导致所有的相关记录都不可用。

2）在数据记录统计中，应区分降级和失效。对于事件报告对部件相关记录描述不清晰的情况，应研究确定是否为失效。严重程度不足以使得设备丧失其功能的降级不应包含在设备失效的统计之中。例如，对于非能动氢气复合器催化效率不足的情况，不判定为失效。

3）启动失效可以分为需求失效和备用失效模型。在需求失效模型中，设备已经处于待运行状态，但是因为某种原因，当对其有需求时，未能启动或改变状态。在备用失效模型中，当响应需求时，设备已经处于一种未知的阻止其启动的状态，使得设备未能启动。一般情况下，在处理原始数据记录时，很难判断设备在需求时发生失效或在需求之前发生失效。在这种情况下两种失效模型均可以使用，对于采用需求失效模型，应采集需求次数，对于采用备用失效模型，应采集备用时间。

4）应统计备用设备在非计划需求期间的运行记录。

5）对于支持系统失效而导致的设备失效，应将失效事件分配至对应的支持系统。

6）如果失效是由试验、维修后的人员差错所引起的，则这类事件不应该包含在设备硬件失效统计中。这些事件通常采用人员可靠性分析方法来进行处理量化，但需统计由于人员间接差错造成的设备失效（如不当维修、保养或设备错装）。

7）应将同一设备在短时间内的连续失效视为同一个失效事件。另外，应将设备在维修后再鉴定试验中发生的失效，按照初始失效的延续来处理，不再统计该失效。例如，设备 A（包含 A1 和 A2 两部分），若正常检修 A1 后进行再鉴定，A2 出现问题。这种失效应以是否通过功能鉴定为原则进行判断。示例中只统计一次失效，但不可用时间需累积计算。

8）如果设备边界内包括冗余部分，并且冗余部分的失效不会导致设备整体的失效，则在失效统计中不应该计入冗余部分的失效。例如，如果柴油发电机设备边界中有两个冗余的部件，这两个冗余部件是为了完成同一功能，则在不影响柴油发电机整体功能的情况下发生的某一冗余部件的失效，不应该计入柴油发电机的失效统计之中。

9）假如在试验中或实际需求时发生的失效在紧接着的尝试中不再重复发生（如短时间内再次启动尝试等），则其不应该被包含在失效统计中。例如，若报警信号导致跳闸，且要启动设备，需要复位报警（必须操作），并检查无其他硬件损伤和问题，不算失效，PSA 考虑的设备都是不可修复的，那些可以快速修复的事件也不应该计入失效。

10）对于定期试验下由于保护信号导致的设备失效，应判断保护信号在事故工况下是否被隔离，对于已经被隔离的信号导致的失效不应计入失效事件中。

6.1.6 国产应急柴油机组的可靠性评估——不可靠度

根据各运行核电厂报送的数据，共统计得到应急柴油机发生失效 96 次，其中启动失效 73 次，设备类累积需求次数 13 244 次。运转失效 23 次，累积运行时间 14 934.37 h。为便于综合对比分析应急柴油机可靠性水平，根据供货厂家将其主要划分为中国陕柴、德国 MAN、芬兰瓦锡兰和德国 MTU 应急柴油机,应急柴油机的失效信息统计如表 6-1 所示。

表 6-1　应急柴油机失效信息统计

应急柴油机供货厂家	核电厂名称	启动失效次数/次	需求次数/次	运行失效次数/次	运行时间/h
德国 MAN	秦山第二核电厂 1~2 号机组	1	842	0	468
	台山核电厂 1~2 号机组	6	540	2	155
德国 MTU	秦山第二核电厂 3~4 号机组	3	527	0	277
	岭澳核电厂 3~4 号机组	4	902	0	1 107.09
	田湾核电厂 1~2 号机组	5	699	3	1 586.74
	田湾核电厂 3~4 号机组	8	358	3	516.39
	阳江核电厂 1~6 号机组	3	1 107	1	1 538.76
	福清核电厂 1~4 号机组	0	727	0	298
	方家山核电厂 1~2 号机组	1	483	0	196
芬兰瓦锡兰	大亚湾核电厂 1~2 号机组	12	1 649	3	2 541.01
	岭澳核电厂 1~2 号机组	4	1 166	1	1 768.29
	田湾核电厂 5~6 号机组	0	60	0	106
中国陕柴	宁德核电厂 1~2 号机组	10	616	5	1 093.6
	宁德核电厂 3~4 号机组	1	374	2	693.81
	红沿河核电厂 1~2 号机组	7	611	2	906.76
	红沿河核电厂 3~4 号机组	2	395	1	599.9
	红沿河核电厂 5~6 号机组	0	69	0	100.19
	福清核电厂 5~6 号机组	0	43	0	61
	防城港核电厂 1~2 号机组	5	548	0	723.83
	昌江核电厂 1~2 号机组	1	199	0	197

表 6-2 给出了不同应急柴油机供货厂家总的失效信息统计。

表 6-2　失效信息统计表

失效类型	供货厂家	失效次数/次	需求次数/次	运行时间/h
启动失效	中国陕柴	26	2 915	—
	德国 MAN	7	1 382	—
	芬兰瓦锡兰	16	2 815	—
	德国 MTU	24	4 803	—
运转失效	中国陕柴	10	—	4 482.09
	德国 MAN	7	—	623
	芬兰瓦锡兰	4	—	4 309.3
	德国 MTU	2	—	5 519.98

根据统计结果,采用经典估计方法得到不同供货厂家应急柴油发电机的总体启动失效概率和运转失效率,具体结果如图 6-1 和图 6-2 所示。通过对比,可以看出国产应急柴油发电机与进口柴油发电机相比,启动失效和运转失效方面都存在一定差距,可靠性水平需进一步提高。

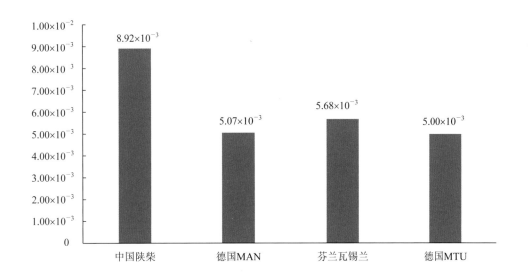

图 6-1　应急柴油机启动失效概率

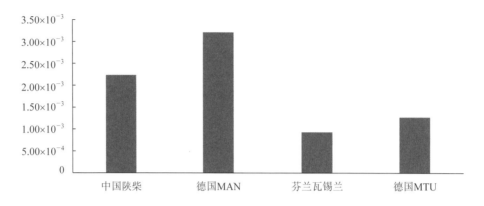

图 6-2 应急柴油机运转失效率

国际上，核电发达国家开展设备可靠性工作较早，其中有代表性的通用数据报告如美国 NUREG/CR-6928、法国《用于 900 MW 和 1 300 MW 概率安全分析的设备定义和通用可靠性数据》和俄罗斯《SRINPP 数据报告》，三份报告都包含了对应急柴油发电机可靠性参数的统计。图 6-3 给出了我国应急柴油发电机不可靠度与国际通用数据的对比情况。通过对比可以看出，我国应急柴油机总体启动失效概率明显高于其他国家通用数据，运行失效率与其他国家水平相当。统计结果在一定程度上反映出现阶段我国应急柴油发电机组设备可靠性水平的不足，尤其需对启动失效引起重视。营运单位应对应急柴油发电机组的性能进行长期监督，开展趋势分析，必要时采取改进措施提高应急柴油发电机组的可靠性。

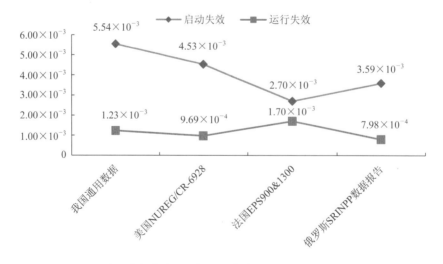

图 6-3 我国应急柴油发电机不可靠度与国际通用数据的对比情况

如前所述，NRC 在其老化对应急柴油发电机可靠性影响的研究报告中认为频繁的快启动是导致应急柴油发电机老化及可靠性下降的主要原因之一（GL83-41）。NRC 在随后发布的 RG1.9 第 3 版中明确规定应急柴油发电机的月度启动试验应按"预先所确定的产生最小磨损与冲击的步骤慢速启动至额定转速的试验方式"进行，相关要求延续到 RG1.9 第 4 版。对我国核电厂月度试验启动模式采取慢启动定期试验和快启动定期试验的应急柴油发电机可靠性数据进行统计，其结果如表 6-3 所示。

表 6-3　采用不同月度试验启动模式核电厂应急柴油发电机可靠性数据

月度试验启动模式	国内核电机组	EDG 数量/个	启动失效次数/次	需求次数/次	运行失效次数/次	运行时间/h
慢启动	田湾 5～6 号 方家山 1～2 号 福清 1～4 号	16	1	1 270	0	600
快启动	其他运行机组	104	78	12 982	23	18 174

6.1.7　国产应急柴油机组的可靠性评估——不可用度

表 6-4 对各运行核电厂报送的要求可用时间和累计不可用时间进行了统计，并用经典估计方法计算得到应急柴油机的不可用度估计结果。

表 6-4　应急柴油发电机不可用数据统计表

系统	设备	要求可用时间/h	随机不可用时间/h	计划不可用时间/h	不可用度均值
应急柴油发电机组	柴油发电机	7 586 732.84	25 002.209 3	13 899.146 8	5.13×10^{-3}

图 6-4 给出了我国应急柴油发电机不可靠度与美国通用数据的对比情况。通过对比，可以看出虽然我国应急柴油机不可用度参数近年有所增加，但仍远低于美国的数据水平。造成这一差异的原因可能是由于技术规格书要求的区别，与美系技术规格书相比，我国大部分核电厂技术规格书不允许应急柴油机实施在线预防性维修项目。另外，一旦出现故障，可能考虑替代，进而减少应急电源的不可用时间。

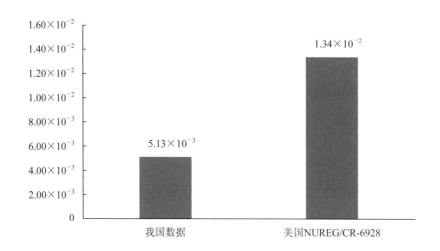

图 6-4　我国应急柴油发电机不可用度与美国通用数据的对比情况

6.2　定期试验一次合格率

鉴于不同电厂运行限值和条件以及监督要求规定的定期试验项目不完全一致，本书分别统计了近五年（2019 年 1 月 1 日—2023 年 12 月 30 日）月度可用性试验（如慢启动试验、带载试验、快启动低功率试验）和每个换料周期开展的系统运行试验（如负载持续性试验、失去厂外电源试验、同步试验、满功率试验等）的一次合格率。应急柴油发电机组月度可用性试验，一般是每月通过快启动或慢启动方式验证应急柴油发电机组的电压和频率能按照核电厂技术规格书的要求在可接受的时间内达到可接受的限值并带相应负载。系统运行试验一般是通过与厂外电源并网后进行，主要是验证柴油发电机组的加载逻辑正确性和向专设应急安全设备持续提供额定功率的能力。

对于一次试验合格定义行业内存在一定共识，通常认为是在试验条件具备时首次执行试验即满足所有的试验验收准则；当开始执行试验程序后，若明确发现结果不满足验收准则，即使后续重复执行试验直至成功（无论是否开展维修活动），依然属于一次不合格；由于外界因素（试验对象的支持系统不属于外界因素）对试验结果造成影响时，不属于统计范畴。考虑到 6.1 节介绍的核电厂设备可靠性数据统计对于定期试验下由于保护信号导致的设备失效，还将继续判断保护信号在事故工况下是否被隔离，在失效事件中不考虑已经被隔离的信号导致的失效。此外，设备可靠性数据统计的设备失效还有可能是通过现场巡查、EDG 故障报警、维修后再鉴定不合格等方式发现，并不会体现在定期试验失败项目中，因此本节所统计定期试验一次合格率与 6.1 节所介绍的核电厂设备可靠性数据统计结果有所区别。

截至 2023 年年底，我国核电厂 117 台应急柴油发电机五年来执行月度可用性试验共计 5 984 次，失败 103 次，月度可用性试验的综合一次合格率为 98.28%。对各核电厂所辖应急柴油发电机月度可用性试验合格率加权统计结果如图 6-5 所示。

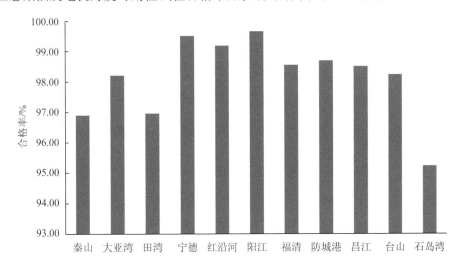

图 6-5　我国各核电厂应急柴油发电机月度可用性试验一次合格率

由图 6-5 可见，宁德、红沿河、阳江应急柴油发电机或备用柴油发电机月度可用性试验一次合格率相对较高，其他所有电厂的月度可用性试验一次合格率均超过 95%。

在应急柴油发电机月度可用性试验的原因方面，仪控系统故障如仪控系统传感器或信号模块故障、接线及插头松动、参数设置或软件故障等导致 EDG 启动失败 37 次，仪控系统故障是导致应急柴油发电机可用性试验失败的主要原因。其他主要贡献因素中燃油系统异常或发生燃油泄漏故障 13 次，电气设备故障导致可用性试验失败 10 次，冷却水循环系统泄漏或水量不足导致 EDG 启动失败 7 次，柴油机气缸温差大或排气温度高等柴油机本体故障导致 EDG 启动失败 7 次，压缩空气启动系统故障或气压异常导致启动失败 6 次，涡轮增压器电磁阀故障导致 EDG 启动失败 6 次。

AP1000 系列核电厂依托项目 4 台机组开展可用性试验 295 次，失败 15 次，可用性试验的综合一次合格率为 94.92%。15 次失败均为海阳核电厂根据能动核电厂运行经验自行开展的备用柴油机启动带载定期试验项目。

近 5 年核电厂应急柴油发电机系统运行试验共计开展 409 次，失败 19 次，系统运行试验一次合格率为 95.35%，较月度可用性试验一次合格率进一步下降。对各核电厂所辖应急柴油发电机系统运行试验合格率加权统计结果如图 6-6 所示。

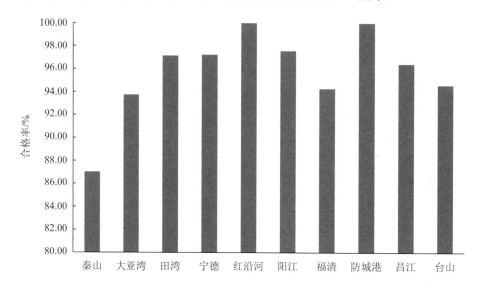

图 6-6　我国各核电厂应急柴油发电机系统运行试验一次合格率

由图 6-6 可见，田湾、宁德、红沿河、阳江、防城港和昌江核电厂应急柴油发电机系统运行试验一次合格率大于 96%。石岛湾高温气冷堆核电站示范工程投运时间较晚，目前仅执行一次负载持续性试验且试验结果不合格，未在图中展示。在系统运行试验主要贡献因素方面，仪控系统故障导致 5 次失败，润滑油系统故障导致 5 次失败，冷却水循环系统泄漏或水量不足导致 4 次失败，机械调速器或超速保护装置故障导致 3 次失败，电气设备故障导致 2 次失败，是导致应急柴油发电机系统运行试验失败的主要原因。

AP1000 系列核电厂依托项目 4 台机组根据技术规格书投资保护的短期可用性相关监督要求每季度开展备用柴油机保护功能试验（检验带额定负载运行能力）共计 211 次，失败 16 次，保护功能试验的综合一次合格率为 92.42%，其可靠性水平相比能动型核电厂 EDG 略低。

本书将在 7.2.2 节介绍导致应急柴油发电机定期试验失败或设备不可用的典型事件。

6.3　进入柴油机 LCO 统计

经统计，过去 5 年我国核电厂功率运行期间因 EDG 设备缺陷而引起的非计划进入技术规格书运行限制（LCO）条件（有停堆限制要求，且限制时间小于等于 72 h）的总次数为 150 次，每台机组每年进入 LCO 次数的算数平均值为 0.588 次。秦三厂柴油机不可用 TS 退防时限为 4 周，大于 72 h，因此没有进入技术规格书运行限制条件的记录。

所有因 EDG 设备缺陷而引起的非计划进入技术规格书运行限制条件的事件均在 72 h 内修复，近 5 年未发生根据运行限值条件要求停堆的事件。2017 年 7 月 13 日，某核电厂 4 号机组曾发生因 EDG 不可用而根据技术规格书要求停堆后撤事件。事件发生时机组处于 RP 模式，满功率运行。在执行 T4LHQ001 柴油机低功率月度试验过程中，柴油机故障停运。现场检查发现柴油机 A1、B1 缸故障，确认在运行技术规范规定的期限内无法修复可用，营运单位按运行技术规范要求于 2017 年 7 月 16 日后撤至 NS/RRA 模式。2017 年 7 月 29 日，Y4LHQ 柴油机抢修与再鉴定工作全部完成，Y4LHQ 恢复可用。

某 AP1000 依托项目核电厂自调试运行以来，备用柴油发电机出现非计划偏离技术规格书 STAC（短期可用性控制）7 次，原因主要为在一台备用柴油机退出运行期间，保持可运行的备用柴油机控制系统出现偶发"DG A remote ready"报警、ERR1 报警问题，目前这类问题已通过变更解决，2023 年未再出现过因此类问题导致非计划偏离技术规格书的情况。2019 年 1 月 12 日，1 号机备用柴油发电机组 A 执行季度试验期间，A8 缸连杆打破曲轴箱检查门并飞出缸体，润滑油及高温水管路破裂，润滑油及高温水从柴油机本体内流出，1 号机备用柴油发电机 A 失去备用，由于爆缸返厂该列柴油机不可用时间长达 10 个月，在此期间核电厂未采取后撤行动以及有效措施，尽管该事件仍然满足技术规格书投资保护的短期可用性控制要求，但在一定程度上削弱了厂内应急电源的可靠性和冗余性，增加了核电厂的安全风险。

某 AP1000 依托项目自调试运行以来，备用柴油发电机出现非计划偏离技术规格书 STAC 4 次，其中 2021 年发生两次由于空气分配盘型号错误和相关经验反馈排查导致两台备用柴油机同时退出热备用的情况；2022 年发生一次柴油储罐区域火警误触发，消防水和泡沫进入柴油储罐以及备用柴油机控制压空压力低导致两列备用柴油机同时退出热备用的情况；2024 年 3 月 3 日，1 号机组备用柴油机 B（简称备柴 1B）发生 A5/B5

缸动力单元损坏问题，导致备柴 1B 不可用。根据备柴 1B 初步检查情况，现场于 3 月 18 日至 29 日对备柴 1A 也进行了检查和维修后试验，其间备柴 1A 不可用。事件导致 1 号机组两台备柴均不可用，不可用时间为 12 d。造成本次事件的直接原因是连杆螺栓力矩小于安装要求。根本原因可初步排除设计缺陷、制造缺陷和长期使用后螺栓性能降级的制造缺陷，初步判断原因为始安装力矩偏低。促成原因是螺栓拉伸工具压力表量程偏大，容易产生读数误差。

考虑各个核电厂因 EDG 设备缺陷而引起的非计划进入技术规格书运行限制条件次数和各个核电厂配置的 EDG 数量，对其取平均值得到各个核电厂平均每台 EDG 在过去 5 年发生故障进入 LCO 的累计次数，如图 6-7 所示。

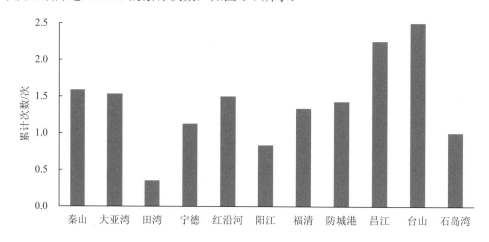

图 6-7　各个核电厂过去 5 年平均到每台 EDG 的因故障进入 LCO 累计次数

田湾核电厂 1～4 号机组采用 VVER 堆型，每台机组配置 4 台应急柴油发电机组，1 台 EDG 失效后要求 30 d 内恢复可用，因此 1～4 号机组暂无进入技术规格书运行限制条件的记录，受此影响田湾核电厂配置 20 台 EDG 在过去 5 年仅记录进入 LCO 7 次，平均到每台 EDG 发生故障进入 LCO 的次数为所有电厂最低。

由于 EPR 三代堆型的运行技术规格书对 EDG 可用性要求高，如果发生随机缺陷导致一台 EDG 不可用则应当在 72 h 内修复（执行完交叉供电后为 30 d 的第二组事件），因此上报进入 LCO 次数为 8 次和 12 次，其平均进入 LCO 次数为所有电厂最多水平。其中压缩空气系统问题发生 5 次，电子调速器故障发生 3 次，机载水泵泄漏问题发生 2 次。通过故障整治和设备换型，EDG 故障引起的非计划进入 LCO 次数整体呈下降趋势，压缩空气系统故障引起进入 LCO 的情况从 2021 年至今未再发生；对电子调速器的"看门狗"故障（watchdog fault）进行监测提前发现问题，并已完成国产化电调配机试验，2024 年实现首台国产化电调正式安装验证；机载水泵泄漏已完成机封换型，同时已完成 1LHQ/2LHP/1LHR 镀铬叶轮更换，其余 5 台还未镀铬叶轮已制定更换方案。通过预防性检修、设备换型、改造等措施，应急柴油发电机的可靠性逐步提升。

过去 5 年发生两起柴油机不可用时间超过 LCO 规定要求的事件，一是某核电厂于 2019 年 9 月 22 日执行厂址附加柴油机检修后的变负荷磨合试验发现配气机构及其凸轮轴瓦损坏，维修用时 38 d，超过运行技术规范 30 d 的期限要求。本次事件超出 LCO 规定要求的修复时间原因是 LCO 将附加柴油发电机可用性要求作为第二组 I0 管理，要求 30 d 内修复，但未规定后撤要求。二是某核电厂 2 号机组于 2022 年 5 月 8 日在工作人员定期巡检时发现 B 列应急柴油发电机组调速器故障，经验证该故障导致 B 列应急柴油发电机（D2LHQ）不可用。5 月 9 日完成检修，恢复 D2LHQ 柴油机可用。本次事件超出 LCO 规定要求的修复时间原因是经调取就地记录仪后台数据，确认该故障起始时间为 2022 年 4 月 30 日，截至 2022 年 5 月 9 日，D2LHQ 不可用时间超过 LCO 要求的 72 h 内后撤期限。

6.4　柴油机 MSPI 统计数据

MSPI 的具体定义为电厂系统的不可用度（UA）与不可靠度（UR）分别与业界标准基准值的差值导致的电厂堆芯损伤频率总变化，即不可用度指标（UAI）与不可靠度指标（URI）之和，表示为：

$$MSPI = UAI+URI =\Delta CDF_{UA}+\Delta CDF_{UR}$$

（1）不可用度

不可用度是在连续滚动 12 个季度内，临界运行时系列/系统由于计划或非计划性维修或试验而不能执行其被监测功能（如 PSA 成功准则和任务时间所定义的）的时间与这 12 个季度内临界运行的时间之比（不包括故障暴露时间；不可用时间只统计从发现失效状态到恢复系列被监测功能的这段时间）。

（2）不可靠度

不可靠度是在连续滚动 12 个季度内，系列/系统不能执行其被监测功能（如 PSA 成功准则和任务时间所定义的）的概率。

（3）部件性能限值

部件性能限值是当一个 MSPI 系统的某个被监测部件的性能明显低于预期性能时，对性能降级的一种度量。每个系统的部件性能限值按特定电厂系统需求次数和运行时间所允许的最大失效次数（F_m）计算。将设备失效的实际次数（F_a）与这些限值进行比较。如果一个系统中一组相似部件（为了共用数据而归组的部件）在 36 个月内的 F_a 超出了F_m，则该系统被置于白色性能区域内，或者如果 MSPI>1×10^{-5}，则由 MSPI 计算值来表示其水平。

MSPI 指标针对六个事故缓解系统的性能进行定期（每季度）评价与监督，其中应急柴油机也是作为其中之一。MSPI 指标引入风险见解评价系统性能，同时跟踪系统设备的不可用度与不可靠度的改变，从风险的角度定量、定期地监控系统的性能状态，关注风险重要系统设备性能的降级。采用 MSPI 对系统性能进行定期跟踪，能更加科学、合理地监控系统性能的状态，与电站安全状态，指导电站的安全决策、设备管理与维修。

（4）MSPI 的监管行动准则

MSPI 的监管行动准则如表 6-5 所示，目的是防止设备出现多次对 MSPI 没有明显影响的故障。

表 6-5   MSPI 的监管行动准则

MSPI 准则	性能等级	监管行动
MSPI≤1.0×10^{-6} 且 F_a≤F_m	绿（性能良好）	维持例行管理
MSPI≤1.0×10^{-6} 且 F_a>F_m；或 1.0×10^{-6}<MSPI≤1.0×10^{-5}	白（有所降级）	加强管理
1.0×10^{-5}<MSPI≤1.0×10^{-4}	黄（重大降级）	限期改进
MSPI≥1.0×10^{-4}	红（不可接受）	立即改进

根据核安全监管部门最新监管要求，我国各核电营运单位提交了截至 2024 年 3 月底的 MSPI 相关基础信息，主要包括被监测系统各列的实际计划不可用时间、实际非计划不可用时间以及机组临界时间、关键能动设备的需求失效次数、总需求次数、运行失效次数、累计运行时间等。通过对已报送数据进行计算分析，共计得到 49 个核电机组的 MSPI 分析结果。对于柴油发电机 MSPI 分析结果，其中绿色 47 项，白色 2 项。与指

标异常相关的失效事件如表 6-6 所示。

表 6-6　与指标异常相关的失效事件

序号	机组	指标类型	指标情况	失效事件	详细事件说明
1	某电厂 2 号机组	MS01（应急柴油机组）	白色 MSPI= 2.41×10^{-6}	应急柴油机运行失效 1 次	2022 年 5 月 8 日,执行应急柴油发电机组例行巡检(周检),发现 LHQ 应急柴油发电机组的负荷偏差比较器(LHQ440ZL) 示值显示为-0.781 V,超过巡检标准要求的±0.15 V,也超过负荷偏差保护动作阈值±0.3 V 的标准。出票检查发现 LHQ 应急柴油发电机组的一块调速器板件（LHQ410RG）输出为 0 V,正常应该为 0.7 V 左右;专业判断 LHQ410RG 调速器输出故障导致 LHQ440ZL 显示的负载偏差超出正常范围,进而导致 LHQ 柴油发电机组无法按照设计功能带额定负载运行,判定 LHQ001GE 运行失效（D-LOER-2-20220001）
2	某电厂 2 号机组	MS01（应急柴油机组）	白色 MSPI= 2.34×10^{-6}	应急柴油机运行失效 1 次	2024 年 3 月 7 日 12:52,执行 T2LHQ002 试验满功率运行约 1 h 后,出现 B 列排烟温度偏差高报警并发现异音,紧急停运柴油机检查,A9 缸道门破口、推力轴承座固定支架有裂纹;判定 LHQ001GE 运行失效

第 7 章

国内应急柴油发电机组异常及事件的经验反馈

7.1　国内核电厂丧失厂外电事件相关情况

截至 2023 年年底，检索国家核安全局监管信息平台，获取我国运行核电厂发生的丧失厂外电（LOOP）相关事件 15 起，所有事件中均至少有 1 台 EDG 成功启动带载，因而我国核电厂并未发生过真正意义上的全厂断电（SBO）事故。LOOP 相关事件信息如表 7-1 所示。

表 7-1　我国核电厂丧失厂外电事件信息统计

序号	事件发生日期	事件描述	事发时机组状态	EDG 启动情况
1	1993-07-17	主外电源故障，向辅外电网切换失败	停堆/换料	1 台成功启动带载
2	1997-08-18	强台风导致主外电网和辅外电网全部丧失	功率运行	2 台成功启动带载
3	1999-05-12	备用电源检修期间，主变故障跳闸	停堆/换料	1 台成功启动带载
4	2000-12-22	试验中执行从主变切换至辅变供电操作，开关无法闭合切换失败	停堆/换料	2 台成功启动带载
5	2002-12-07	试验中执行从主变切换至辅变供电操作，开关无法闭合切换失败，且无法切回主变供电	停堆/换料	2 台成功启动带载
6	2002-12-25	备用电源故障，处理过程中导致主变开关故障跳闸	功率运行	2 台备用柴油发电机自动启动，但仅 1 台备用柴油发电机成功带载
7	2003-05-15	备用电源故障退出运行期间，主变开关故障跳闸	功率运行	2 台备用柴油机自动启动并顺序带载成功
8	2004-04-26	主变检修期间，备用电源故障跳闸	停堆/换料	2 台备用柴油机自动启动并顺序带载成功
9	2009-10-31	辅外电网检修期间，主变故障跳闸	功率运行	4 台成功启动带载
10	2010-05-07	主变检修期间，辅外电网线路因雷击跳闸	停堆/换料	1 台成功启动带载
11	2010-07-18	主变检修期间，线路断路器跳闸导致辅外电网丧失	停堆/换料	1 台成功带载
12	2011-03-06	主变检修时，终端均压球过放电导致 220 kV 母线失电，辅外电网丧失	停堆/换料	3 台成功启动带载

序号	事件发生日期	事件描述	事发时机组状态	EDG 启动情况
13	2015-02-07	主变检修期间，山火导致辅外电网丧失	停堆/换料	1 台成功启动带载
14	2019-02-01	主变进行检修，备用电源断路器未处于工作位置，正常电源向备用电源切换失败	停堆/换料	失电应急母线对应的 1 台成功启动带载，其余处于备用状态无须启动
15	2021-11-04	正常供电母线电源瞬切试验时，备用电源进线开关故障，切换失败	停堆/换料	失电应急母线对应的 1 台成功启动带载，其余处于备用状态无须启动

在 15 起丧失厂外电相关事件中，7 起事件中 2 台应急柴油机成功启动并带载，8 起事件中 1 台应急柴油发电机成功启动并带载，相关事件中仅 1 台成功启动带载的主要原因是事发时反应堆处于停堆换料期间，营运单位将另一台应急柴油发电机组置于停机检修状态，在丧失厂外电事件发生时不能自动启动带载。值得注意的是，二代改进型核电厂运行技术规范在大修换料停堆模式下仅要求一路外电源和一路内电源可用，此时反应堆燃料已卸出堆芯，核安全风险相对较小。因此营运单位通常在大修期间安排同时开展变压器或输电线路检修，以及一列应急柴油发电机检修工作，此时如果剩余一路外电源发生故障，厂内仅剩余一台应急柴油发电机提供应急电源，此时容易发生 SBO 工况。

在功率运行期间发生的丧失厂外电事件中，仅 2002 年 12 月 25 日某核电厂 1 号机组处于 100%FP100 h 试运行试验阶段发生丧失厂外电事件时，1 号备用柴油发电机启动后没有自动并网和带载，其原因是 1 号备用柴油发电机通信模块故障，接收不到柴油发电机出口电压和频率信号，导致其自动合闸和自动带载程序失效。事件发生后，营运单位安排工作人员用 2 号机组发电机备用保护装置的四个插件，更换故障的 1 号机组发电机备用保护装置中对应的四个插件，已更换插件的 1 号机组发电机备用保护装置考验期间没有再出现"EEPROM EER"的报警信号。根据本次事件经验反馈，营运单位对 1 号备用柴油机自动并网和带载信号回路进行了修改，即从柴油发电机的保护回路取其电压信号，从调速器取其转速信号代表电源频率作为自动合闸的条件，暂时旁路通信模块，直接进入其出口开关的合闸回路。

除核电厂运行期间发生的 LOOP 事件外，一些核电厂在调试期间也曾发生丧失厂外电的情况。2013 年 8 月 14 日，在某核电厂 1 号机组调试期间强台风"尤特"于厂址所在城市登陆，登陆时该核电厂附近录得最大风力 14 级（45.3 m/s）、极大阵风 17 级（60.5 m/s），为全省最大风力地点。登陆风速超出线路设计标准，导致输电线路跳闸，电站先后失去 500 kV、220 kV 外部电源，并在一段时间内两路外部电源全部失去。由于其应急柴油发电机 1LHP、1LHQ 处于热试后停运消缺，0LHS 处于安装调试阶段，内部电源也不可用。本次事件导致核电厂全厂断电。由于事件发生时该核电厂 1 号机组尚未装料，且对 K 厂房新燃料采取了保护措施，本次事件对 1 号机组核燃料储存区域未造成不利影响。此外，某核电厂 1 号机组也曾在调试期间（未装料）发生丧失厂外电后一台应急柴油发电机组未成功启动的事件。

7.2　国内应急柴油发电机组异常及事件的经验反馈

7.2.1　国内事件及异常统计

对我国运行核电厂应急柴油机异常和运行事件开展统计分析，能够从多个角度反映我国在运应急柴油机设备运行和可靠性情况。异常和运行事件的选取来自国家核安全局监管信息平台，营运单位上传了涉及应急柴油机系统故障的内部事件和运行事件信息。统计过程中去除早期事件报告信息不完整的事件，另外内部事件信息上传于2014年，考虑上述原因统计分析了 2014—2023 年的异常和事件信息，该段时间能够覆盖我国核电厂投运发展的时期，具有足够的代表性。统计分析的应急柴油机异常事件 124 起，运行事件 5 起，共计 129 起。异常和运行事件都能够反映柴油机子系统和设备的故障情况，从这个角度考虑，本节的后续统计分析中不再将两者分开讨论，统称为"事件"。

7.2.1.1　年度数量趋势

2014—2023 年事件数量趋势如图 7-1 所示。从图 7-1 中可以看出近 10 年的事件数量在 2016 年有 1 个高峰，这个时期新投运机组较多，在运行初期事件数量多（2018 年 4 台 AP1000 机组投运，该机组柴油机并非应急柴油机，报告的故障情况较少）。应急柴油机相关事件的数量与核电厂执照运行事件数量的趋势是一致的，表明该系统设备的故障和可靠性特征与核电机组整体的系统设备相似。2023 年事件数量呈现下降趋势，主要原因是 2023 年未有新投运机组，前两年投运机组运行逐渐稳定，新投运机组在两个燃料循环运行周期后趋于稳定。

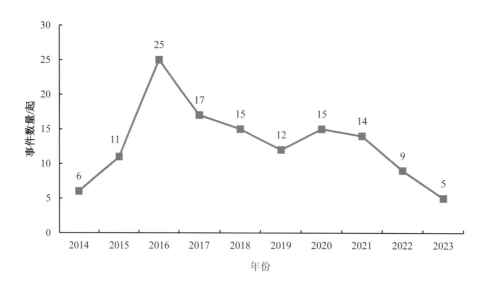

图 7-1   2014—2023 年柴油机事件数量

7.2.1.2   原因统计

根据经验反馈分析方法对事件的划分，应急柴油机系统相关事件的原因因素分为三类，即设备、人因和管理，本书重点关注设备类原因因素。129 起事件中，设备原因的事件为 114 起，人因事件为 14 起，管理原因的事件为 1 起。各原因因素占比如图 7-2 所示，设备原因占比 88%，人因占比 11%，管理原因占比 1%，各类设备故障占主导。

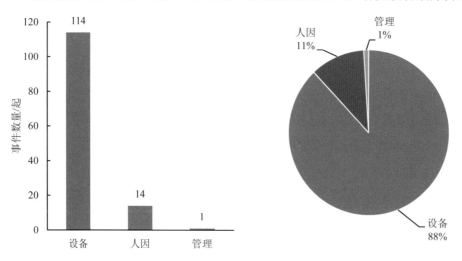

图 7-2   2014—2023 年应急柴油发电机故障事件原因因素数量和占比

如第 1 章所述，应急柴油发电机组包括柴油发电机本体、辅助系统和仪控系统三部分，应急柴油发电机设备故障基本覆盖了三个部分的各个子系统。

将发生故障的设备整理分类，主要包括调速器、泵、电磁阀、柴油机主机零部件、励磁设备、膨胀节、阀门、控制回路、空气分配器、电源、管道、监测装置、接头、电子卡件及其他。本书所统计的柴油发电机故障异常和事件不包括柴油发电机厂房消防系统故障或非应急柴油机系统设备本身原因导致的误启动事件。图 7-3 给出了各类设备故障的事件数量，对于只发生一次故障的设备均归类到其他中，包括空气分配器、燃油过滤器、容器和仪器仪表等。

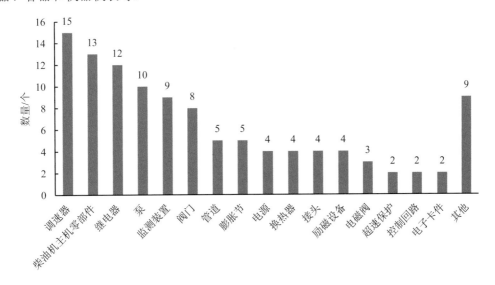

图 7-3　故障设备类型及数量统计

统计表明，故障率较高的设备有调速器、继电器、柴油机主机零部件、泵、阀门和监测装置等，如图 7-4 所示，这 6 类设备的故障占比达 61%。调速器故障中包括了机械零部件的故障和电子故障。柴油机主机故障零部件涉及涡轮增压器、连杆衬套、连杆瓦、气门挺杆、缸套、缸盖密封、凸轮轴盖板等。阀门故障主要为启动阀门，还涉及空气截止阀和水泵调节阀等。泵的故障中涉及润滑油泵、燃油泵、给水泵、取样泵等多种泵。监测装置故障涉及液位、温度和压力测量等。设备故障的原因包括设计不当、老化、制造缺陷、预维不足、规程不明确、安装问题和偶发故障等。

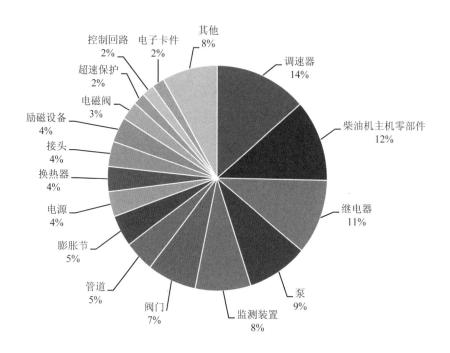

图 7-4   故障设备类型占比统计

7.2.1.3   典型设备故障

（1）调速器故障

调速器是国内核电厂应急柴油发电机组中发生故障较多的设备，调速器一旦出现故障，通常会立即导致柴油机停机或试验失败。应急柴油机调速器目前几乎均为进口产品，调速器设计方通常将其列为核心技术，不对用户公开。一旦调速器出现重大故障，核电厂内部人员很难查明故障零部件和故障机理，而最终解决问题途径只能是返厂检查。由于调速器设备的监测手段较为欠缺，无法及时有效地获知设备运行状态和故障点。

在异常事件中调速器故障有下面几种情况。2023 年某核电厂应急柴油机调速器在运输过程中因缺少可靠的包装固定措施造成内部弹簧受冲击变形引起了单向阀密封不严，导致安装后柴油机启动试验中触发非应急保护停机信号，柴油机启动失败。2018 年某核电厂应急柴油机电子调速器元器件故障，导致应急柴油机无法在额定时间内达到要求的转速和频率，试验失败。2018 年某核电厂低负荷试验时柴油机频率和转速超验收准则，检查发现速度柜 1LHQ920AR 中两个继电器 170XR/171XR 处于动作状态即出现了"看门狗"故障，导致电子调速器的输出被切除，电子调速器退出运行。

针对调速器故障问题，提出以下建议：

1）对调速器故障的原因开展深入分析，分析内容包括板卡布置的合理性、内部结构设计对于部件散热的影响、电子元件使用寿命的评估等。

2）开展调速器在线监测，例如监测调速器电流、油门位置等重要参数。

3）开发调速器试验台架，完善调速器试验程序。

4）研制调速器故障诊断装置，及时准确定位故障部件、查明故障的根本原因。

5）推动国产化调速器产品的研制，推动完成核级鉴定的国产化调速器产品替代国外进口产品。

（2）柴油机主机零部件故障

柴油机主机是应急柴油发电机系统核心部件，主机零部件的故障可直接导致系统丧失安全功能，且必须通过更换零部件恢复，主机零部件是指组成柴油内燃机和发电机本体的零部件，如气缸、气缸盖、活塞、曲轴、连杆、涡轮增压器等。

在异常事件中柴油机主机零部件的故障数量为 12 起，由于柴油机本体本身就是一个零部件多、较为复杂的系统，所以发生故障的情况也较多。

2022 年国内两个核电厂的应急柴油机进口的连杆小端衬套尺寸错误，需更换连杆总成。事件的原因是主机厂家交付错误型号备件，而监造方和营运单位验收均未发现问题。2020—2021 年，某核电厂因润滑不足导致连杆瓦存在异常磨损，活塞环与缸套异常磨损等。针对柴油机本体故障问题，提出以下建议：

1）营运单位应做好供应商的监督和核安全责任落实工作和生产管理责任。

2）分析柴油机本体零部件故障发生的根本原因开展纠正行动。

3）基于应急柴油机运行工况，开展关键部件维修策略评估与研究。

4）制定零部件故障预案，拆装方案、全面解体检修方案、专用工器具配置和备件储备方案等内容。

5）考虑储备柴油机整机战略备件，或者多个电厂联合储备柴油机整机战略备件。

（3）泵类故障

应急柴油发电机组通常配置了高压喷油泵、燃油增压泵、机带润滑油泵、预润滑油泵、发电机润滑油泵、机带高温水泵、机带低温水泵、预热水泵等重要泵类设备。我国核电厂状态报告中有较多数量的柴油发电机组泵类设备故障事件。柴油机异常事件涉及了燃油增压泵、发电机润滑油泵、预润滑油泵、机带低温水泵和预热水泵，发生故障的泵类设备基本覆盖了各种类型。

2021 年某核电厂预润滑油泵 L1LHP152PO 电机卡死导致 L1LHP 柴油机不可用。2020 年某核电厂多台柴油机预润滑油泵水平振动超过预警值。2018 年某应急柴油发电机组修后试验时，因发电机润滑油泵未随柴油机启动导致发电机轴瓦磨损。2016 年某核电厂应急柴油机燃油输送泵控制逻辑设计缺陷，导致燃油输送泵在应急启动且火警信号触发又复位的情况下失去冗余。2014 年某核电厂应急柴油机预热水泵内部密封失效（O 形密封圈老化），导致电机绕组进水烧毁。

针对泵类故障问题，提出以下建议：

1）泵类设备故障产生的原因中，检修规程中关键部件的安装工艺不充分是第一大主因，建议针对上述泵类设备单独编制检修规程，规程中应重点关注关键检修工艺要求。

2）将重要的泵类备件纳入循环备件管理，当设备出现故障时，通过更换的方式完成检修，避免应急柴油发电机组出现长时间不可用的情况。

7.2.2　典型事件

7.2.2.1　某核电厂 4 号机组因 LHQ 故障按运行技术规范要求后撤至停堆状态

（1）事件概述

2017 年 7 月 13 日，某核电厂 4 号机组处于满功率运行模式。在执行 T4LHQ001 柴油机低功率月度试验过程中，柴油机故障停运。现场检查发现柴油机 A1、B1 缸故障，确认在运行技术规范规定的期限内（14 d）无法现场修复可用，按运行技术规范要求于 2017 年 7 月 16 日机组向停堆状态后撤。7 月 29 日，LHQ 柴油机抢修与再鉴定工作完成，LHQ 恢复可用。

（2）原因分析

LHP/Q 应急柴油发电机组由德国 MTU/SNMD/AREVA 联合体供货，柴油机型号为 MTU20V956TB33，为高转速四冲程柴油机，主要技术参数和结构简图如图 7-5 所示。

事件发生后，对 LHQ 柴油发电机组的损坏情况进行现场检查后发现，A1/B1 缸动力单元组件损坏严重。其中：

1）机身部分。A1 缸观察孔盖板处机身破损，A1/B1 缸曲轴箱观察孔盖板碎裂（图 7-6），为平衡重或连杆脱落后撞击导致。机身内部主润滑油管道移位、扭曲变形（图 7-7），活塞冷却油管变形、断裂，为平衡重或连杆脱落后撞击导致。

MTU20V956TB33 柴油机主要性能参数	
持续功率	6 000 kW
气缸数量	20 个
机身布置	V 形布置
连杆形式	并列连杆
转速	1 500 r/min
气缸工作容积	9.56 L
工作方式	四冲程

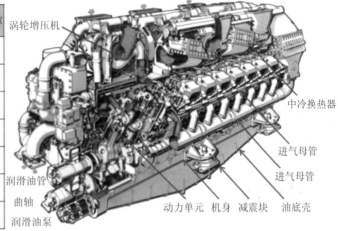

图 7-5　MTU20V956TB33 柴油机简介

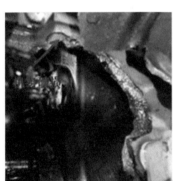  

图 7-6　机身及曲轴箱观察孔门盖板碎裂图片

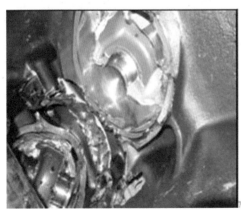 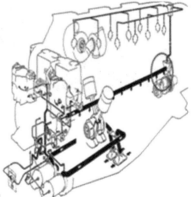

图 7-7　主润滑油道损坏图片

2）曲轴部分。A1/B1 缸处轴颈表面有过热迹象，轴颈表面存在明显的磕痕，曲轴、曲柄润滑油孔未见堵塞物。A1/B1 缸曲轴平衡重本体磕碰严重，4 颗螺栓均已断裂，断口较齐整（图 7-8）。

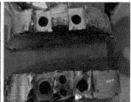

A1/B1 曲轴轴颈过热与磕痕图片　　　　　　　平衡重撞击痕迹图片

图 7-8　A1/B1 缸平衡重螺栓断口图片

3）连杆部分。A1 缸连杆在曲轴箱内部找到，呈扭曲状，活塞销卡死在连杆小端孔中，连杆中部有 8～10 cm 横向裂纹；B1 缸连杆在曲轴箱内部找到，约 30°弯曲。A1/B1 连杆大端内侧有过热痕迹，齿槽连接部位破损，连杆大端螺栓断裂。A1 缸连杆大端轴瓦盖外观有多处磕碰，损伤较为严重，B1 连杆大端轴瓦盖外观有轻微磕碰痕迹。A1/B1 缸连杆大端轴瓦已破碎，未能全部识别（图 7-9～图 7-11）。

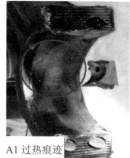

图 7-9　A1/B1 缸连杆组件损坏图片　　　**图 7-10　连杆大端轴瓦盖过热损坏图片**

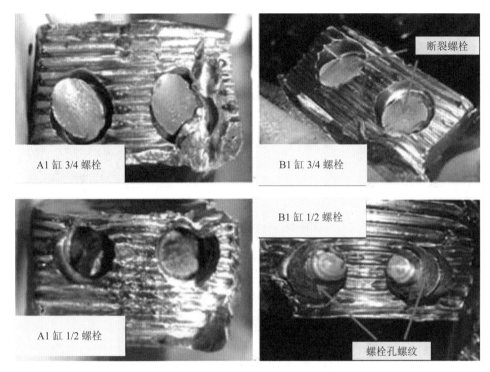

图 7-11　A1/B1 缸连杆大端轴瓦盖螺栓孔图片

4）A1 缸活塞位于上止点，活塞顶与活塞裙部脱开，活塞顶与活塞裙间的 6 颗连接螺栓全部断裂，活塞裙已破损，活塞冷却喷嘴断裂，A1 缸缸套珩磨纹清晰，无异常磨损痕迹（图 7-12）。B1 缸缸套下部破损，活塞在缸套破损位置卡死，活塞顶与活塞裙部有错位，活塞顶部有与喷油器撞击的痕迹（图 7-13）。

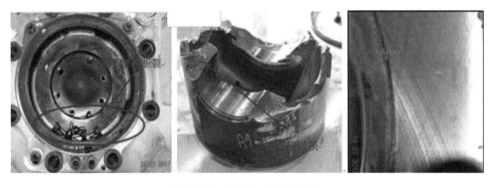

图 7-12　A1 气缸内损坏图片

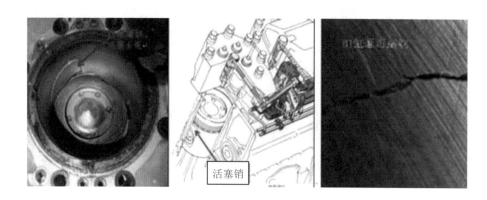

图 7-13　B1 气缸内损坏图片

5）油底壳靠近驱动端有约 $20\ cm^2$ 坡口，油底壳中发现 A1 缸连杆及大端轴瓦盖、B1 缸大端轴瓦盖、平衡重紧固螺栓等损坏部件（图 7-14）。

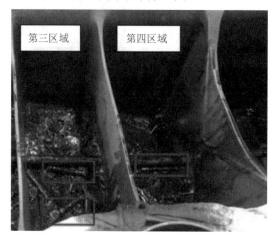

图 7-14　螺栓在油底壳中的初始位置

对柴油机进行全面解体检查，在 3 号、4 号、9 号曲轴瓦供油管内部发现极少量疑似金属碎屑物，A6 活塞冷却油供油管内部有少量金属异物，大部分活塞冷却油供油管内部存在锈蚀情况。分析判定认为 A1/B1 缸连杆大端螺栓断裂、损坏均是其他异常所导致的结果；平衡重不是首先失效部件，其损坏应该是柴油机其他部件反复撞击导致平衡重螺栓过载断裂；对其余轴瓦检查后均未发现缺陷，因此推断连杆大端轴瓦存在质量缺陷可能性极低；检查 2 号曲轴轴瓦下瓦的工作面中间部位存在一条较深划痕，分析为硬质颗粒异物造成，2 号曲轴轴瓦上瓦瓦面存在轴向电缆簇状贯穿划痕，少量异物残留在轴瓦划痕中，瓦表面有外来嵌入金属碎屑，分析显示金属碎屑为铜铝合金。经过金属学分析后判定这些金属颗粒表面形状和微观结果显示为典型的机加工碎屑，不是意外产生的磨损金属颗粒。划痕显示这些金属颗粒是随油流进入 2 号曲轴瓦，大部分碎屑和留有刻痕的粗糙颗粒会随油流进到 1 号连杆大端轴瓦，造成 A1-B1 连杆大端轴瓦失效。

根据检查和分析结果，营运单位推理认为故障逻辑如下：

LHQ 应急柴油机在制造期间，由 MTU 公司供应商提供的曲轴虽有正常的清理检查，但在 2 号主轴瓦油道仍有未能清理干净的金属加工颗粒残留。在主轴装配整机过程中，这些金属异物颗粒卡涩在 2 号主轴油道或主轴瓦的间隙中，在柴油机厂内系列试验以及 SNMD 厂内柴油机整组试验以及在现场调试试验期间，油路中滞留的金属颗粒并未从卡涩状态脱出。

柴油机组在完成所有现场试验交付商运后，随柴油机逐月的运行试验，处于油道中卡涩的金属颗粒在机组振动和油流冲击下从卡涩位置逐渐松动，直至本次定期试验时这些金属颗粒完全脱落出来，并顺油道进入 2 号主轴瓦润滑面。

金属异物在进入 2 号主轴瓦后，部分金属颗粒在主轴和主轴瓦之间经过摩擦或碾压，在轴瓦瓦面造成划痕后，随润滑油从轴瓦侧面排出。也有部分金属颗粒在摩擦面经过摩擦和碾压，机加工颗粒碎裂或嵌入瓦面，或在瓦面划出深沟留存。随着曲轴转动及润滑油的带动，随机地进入连杆大端轴瓦的油道，进入连杆大端轴瓦润滑面。

2 号主轴瓦在轴瓦厚度和宽度都大于连杆大端轴瓦，而连杆大端轴瓦所受的载荷以及冲击功均大于主轴瓦的载荷。因此，金属颗粒进入连杆大端轴瓦瓦面后所造成的破坏比主轴瓦严重。在这些金属颗粒的作用下，连杆大端轴瓦发生异常磨损，造成轴瓦表面无法形成稳定的油膜，轴瓦温度快速上升，导致载荷下轴瓦很快损坏。

在连杆大端轴瓦损坏的情况下，曲轴运动间隙增大且不均匀，连杆运动轨迹随之出现不稳定状态。在这种故障条件下，连杆大端压盖螺栓承受周期性冲击应力过载或疲劳断裂。故障的发展造成连杆小端运动轨迹发生倾斜，在沿轴向力的作用下，连杆小端从活塞组件中拉出将缸套冲击损坏。

在轴瓦完全损坏和连杆两端均不平衡运动的应力作用下，A1-B1 缸连杆小端从活塞组件中完全脱出，连杆大端压盖螺栓断裂，连杆撞击变形并磕碰两边的平衡重，导致平衡重受力/撞击而将紧固螺栓强行拉断，随离心力或甩至箱底（砸穿），或甩出并砸破观察孔而脱落至地面。同时，曲轴上方的两个润滑油供油管道被击打变形、开裂或断裂。主轴润滑油管后端油道上接有 LHQ152MP、LHQ153MP 和 LHQ154MP 压力检测装置，当 A1-B1 缸内油管被击扁后，其后端油流会急剧降低或断流。这导致柴油机润滑油压力低保护启动，触发柴油机组停机。

（3）事件后果及安全评价

实际后果：机组失去一列内电源。

潜在后果：柴油机运转过程中突发故障可能对设备周围的运维人员造成人身伤害；在核电厂失去外部电源的工况下，存在无法为反应堆紧急安全停堆所需的专设安全设备供电的风险。

安全评价：应急柴油发电机作为非常重要的核安全设备，执行提供应急交流电力的重任。特别是在出现丧失厂外电的情况下，应急柴油机的安全、可靠、长期运行是确保堆芯安全的重中之重。在本次事件中，营运单位在一台应急柴油机定期试验期间发现不可用后按照技术规格书要求进行了机组状态后撤，尽管带来了发电量的损失，却没有导致进一步的安全功能丧失或放射性物质释放。但是本次事件的根本原因是柴油机润滑油中存在的金属颗粒异物在长期运行后会导致设备失效。如果核电厂发生长时间的丧失厂外电的事故，应急柴油机难以保证长期可靠运行。使用先兆事件分析方法对事件进行分析，从概率安全分析的角度来看，本事件中核电厂 4 号机组柴油机由于存在异物，无法完成 24 h 的任务时间要求，因此可以认为自装料临界以来，此台柴油机无法完成所要求的长期可靠稳定运行的安全功能。使用先兆事件分析方法进行计算可以看出，一台应急柴油机的长期不可用对核电厂堆芯损伤概率增量贡献很大，达到了先兆事件的判定标准。营运单位应在后续工作中加强对应急柴油机的管理，从设备采购、验收、安装、调试、定期试验、维修等多方面齐抓共管，确保应急柴油机能够长期、可靠、稳定的运行。

7.2.2.2　某核电厂 3 号机组柴油机启动压缩空气分配盘存在缺陷

（1）事件概述

2011 年 2 月 12 日，某核电厂 3 号机组当班值按照计划执行柴油发电机组低负荷带载定期试验（PT 3LHP001），发现应急柴油发电机启动失败。经过机械检查，确认为 A 列空气分配器错位导致进气顺序错乱，由于没有备件可以更换，将 A 列空气分配盘拆下进行调整后重新安装，按照试验程序重新进行启动和带载试验，柴油机启动和运转成功，消除 IO。3 月 10 日，再次执行 3LHP 柴油发电机组低负荷带载试验时，柴油机两次启动均未成功，故障现象与之前空气分配器错位相似。厂家服务人员现场检查后发现 A 列空气分配器再次出现错位，更换了带来的新的空气分配器并调整到正确顺序，柴油机启动成功。随后在 4 月和 5 月的柴油机组低负荷带载定期试验中，3LHP 柴油机均可以正常启动。

　　为便于分析更换空气分配器前后应急柴油机组启动时间的变化,2011 年 6 月 2 日在更换3LHP的空气分配器前对柴油机进行了启动试验,结果发现3LHP柴油机无法启动。经检查,3LHP 柴油机 A 列气缸空气分配器位置状态不正确(超前了约一个孔位,约 36°,图 7-15),导致柴油机进气相序错误。根据 3 月 10 日更换新空气分配器时所作的定位标记,可以确定 A 列空气分配器的分配盘和驱动轴相对位置没有发生变化。随后进行了后续更换和试验工作。

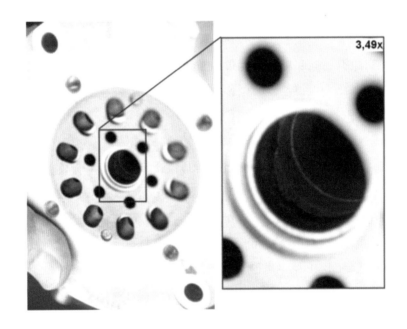

图 7-15　空气分配器驱动轴轴衬磨损

　　由于 6 月 2 日启动失败时,A 列空气分配器的分配盘和驱动轴相对位置并未发生错位,因此有理由怀疑与空气分配器连接的传动链中有部件存在问题。经 MTU 公司分析,认为一个名为 Link Assy(图 7-16)的连接件可能存在问题,对此于 6 月 15 日更换了此部件。更换后,柴油机的启动时间(到达 1 500 r/min)由原来的8.6 s(比其余 3 台偏长1 s 左右)减少到 7.8 s(与其余 3 台接近)。

图 7-16   A 侧空气分配器传动链部件 Link Assy

为了保证问题得到彻底解决，根据 MTU 公司的建议，3LHP 柴油机组于 2011 年 9 月 22 日更换了 A 侧空气分配器的全套传动链。自完成更换工作至今，3LHP 柴油机组再未发生启动失败问题。

（2）原因分析

2009 年 9 月 10 日，3LHP 应急柴油发电机组在安装完成后进行首次启动时，出现了首次启动失败。经检查发现当时柴油机的保护柜中超速保护模块设置错误（超速保护值应设置为 1 725 r/min，实际为 170 r/min 左右），由于超速保护值设置偏低使得柴油机还在进气启动阶段就触发了紧急停机信号。在手动复位紧急停机空气阀后，柴油机仍无法启动。经检查发现 3LHP 柴油机 B 列气缸空气分配器存在错位，导致柴油机因进气相序错误而无法启动。随后 MTU 提供了新的空气分配器部件，在 MTU 公司服务人员在现场标定和安装后，柴油机能够启动。在 3 号机组投入运行后直至 2011 年 2 月 12 日定期试验中发现 3LHP 应急柴油发电机启动失败期间，一直没有出现异常。

根据 MTU 公司分析和调查认为，2009 年 9 月的 3LHP 第一次启动失败是由于非正常启动造成的（柴油机在压缩空气启动过程中柴油机进气紧急停机阀由于定值设置错误意外关闭），后续的启动失败均与这次启动失败事件有关。对于后续的启动失败，最终确定是两个原因造成的，具体如下：

1）空气分配盘和驱动轴。将 3LHP 柴油机 A、B 列更换下的旧部件寄回 MTU 德国总部，MTU 公司设计部门对两套旧空气分配器部件进行了全面的测试，指出空气分配器的错位是由于生产空气分配器部件的分包商未遵循 MTU 公司的图纸和技术要求，擅自改变了空气分配器驱动轴与空气分配器连接面的加工工艺，未按要求加工空气分配器驱动轴的锥面造成的；MTU 公司在组装空气分配器时未按设计要求在固定螺纹处涂抹润滑剂，导致 3LHP 柴油机所安装的空气分配器轴和盘之间的传动力矩小于设计要求。根本原因是制造商质量管理过程存在不足，电厂对制造商质量控制的监督不够。

2）连接部件。MTU 公司将旧 Link Assy 部件发回德国进行了全面检查，出具了研究报告。报告指出，Link Assy 部件在出厂之前均做过力矩传递测试，为合格出厂产品。在 2009 年 9 月首次正常启动非正常紧急停机时，压接结构受到了超越其自身扭矩传递能力的扭矩，导致压接结构接触面材料表面产生错位和滑移（图 7-17），致使 Link Assy 部件内部错位。

图 7-17　Link Assy 部件压接结构接触面材料表面产生错位和滑移

根据柴油机的控制逻辑，柴油机接到启动信号后启动压缩空气进气，在柴油机转速到 350 r/min 后（或者启机 6 s 后）自动切断启动空气进气。但是由于设置错误，实际是在 170 r/min 时发生超速保护紧急停机，此时紧急停机空气阀关闭，柴油机气缸停止运动，而压缩空气仍然保持进气，到启机 6 s 后启动压缩进气才能关闭，因此造成过大扭矩。

（3）事件后果

该事件发生前机组处于满功率状态，事件造成应急柴油发电机组在试验情况下无法启动，事件未对机组核安全造成实际后果。

事件的潜在后果是：由于存在共因问题，可能导致应急柴油发电机组在事故情况下都无法启动。

（4）纠正行动

要求 MTU 公司提供新的空气分配器以及完整的制造记录文件和出厂测试报告，测试报告应包含"传递力矩"值的测定记录；MTU 公司重新制造 8 套空气分配器配件进行更换（每台柴油机 2 套）；更换完成后重新进行试验；提供新的空气分配器作为厂内备件；制定空气分配器传动力矩的定期检查方案。

（5）经验教训

事件表明生产厂家在分包商的质量控制方面存在缺陷，一方面需要核电厂督促生产厂家加强这方面的管理，并注意对分包产品验收工作；另一方面作为最终用户的核电厂，应进一步加强对生产厂家及其分包商的质量控制的监督和检查。同时随着机组进入运行阶段，核电厂应按照相关大纲的要求，认真做好各项试验、检查等工作，对试验、检查中所暴露出的问题要认真分析，不放过蛛丝马迹，及早发现安全隐患，确保机组运行安全。

7.2.2.3 某核电厂 D1/2LHP 应急柴油机使用存在制造质量缺陷的连杆轴瓦

（1）事件概述

2009 年 10 月 14 日，核电厂收到柴油机厂家 Wartsila 的正式邮件，告知厂家码为 DLT141885 的连杆大端轴瓦存在质量缺陷，可能对柴油机安全运行造成潜在风险。10 月 21 日，EDF 顾问反馈的信息证实了上述内容，自 2008 年发生了 4 起类似的柴油机轴瓦烧毁事件。EDF 同时告知：2001 年，柴油机连杆大端轴瓦供货商由 SIC 更换到 Miba，本次存在质量缺陷的轴瓦正是由 Miba 生产的轴瓦。11 月 9 日，核电厂收到了 Wartsila 首份关于轴瓦质量缺陷问题的技术报告，报告中称：Miba 公司生产的厂家码为 DLT141885 及 DLT123351 A2/F2/J2 的轴瓦对柴油机的安全运行造成潜在风险，建议用 Miba 生产的新型轴瓦 PAAG129161 或 SIC 公司生产的旧型号轴瓦 DLT123351 更换。

核电厂调查确认 D1LHP002MO、D2LHP001/002MO 使用了厂家码为 DLT141885 的轴瓦，对 18 套轴瓦进行了更换，更换中发现有 6 套厂家码为 DLT141885 的轴瓦存在异常磨损。调查还发现其他应急柴油机 L1LHP001/002MO、L1LHQ001MO、L2LHP001/002MO 使用轴瓦的厂家码为 DLT123351（但生产厂家不详，不确认是否是 Miba 公司生产的）。同时检查确认，上述柴油机历次定期试验参数正常，润滑油定期取样分析合格，柴油机可用。库存备件检查情况为：厂家码为 DLT123351 的轴瓦共 8 套，厂家码为 DLT141885 的轴瓦共 37 套，厂家码为 DLT123351 F2 的轴瓦共 24 套。

（2）原因分析

柴油机厂家 Wartsila 提供的由 Miba 公司生产的部分批次连杆大端轴瓦存在质量缺陷，但没有确定具体是哪一步生产工艺存在问题。

（3）事件后果

可能造成应急柴油机 D1LHP/D2LHP 不可用。

（4）纠正措施

对使用了厂家码为 DLT141885 轴瓦的应急柴油机用合格备件更换轴瓦；跟踪新型号轴瓦 PAAG129161 的 5C/10C 再鉴定试验结果，并根据试验结果对预防性维修大纲进行优化；退换库存的存在质量缺陷的轴瓦。

（5）经验教训

柴油机上重要零部件的质量缺陷对柴油机的安全运行造成严重威胁，应关注重要零部件的质量问题，必要时对重要零部件的生产和翻新过程进行驻场监造；维修程序中记录的信息不完整，为后续的追溯和调查制造了困难；备件领用管理存在缺陷，造成一台柴油机使用了不同编号的轴瓦，不利于设备的管理，可能对设备的安全运行造成隐患。

7.2.2.4　某核电厂附加柴油发电机组维修时间超出技术规范规定期限

（1）事件描述

2019 年 9 月 5 日，某核电厂开始执行附加柴油机（0LHS）检修后的变负荷磨合试验。满功率磨合试验完成后，柴油机降负荷至零功率运行约 5 min，巡检人员发现 B9 缸气头附近冒烟，立即紧急停运柴油机。检查发现 B9 缸进气歧管表面油漆受热发黄，B9 缸的配气机构及其凸轮轴瓦损坏。0LHS 自预防性维修隔离开始至抢修完成，维修用时 38 d，超过运行技术规范（30 d）的期限要求。

（2）原因分析

0LHS 系统为附加柴油发电机组（主要技术参数和结构同第一起事件）是厂内应急电源的组成部分，当机组出现全厂断电时，用以恢复对核辅助设施的供电，以确保核电厂的安全停堆和人员、环境的安全，防止主要设备损坏，提高机组的可用率。附加柴油发电机组安全功能是替代计划或随机不可用的应急发电机组 LHP/LHQ，通过上游母线（LHT）向中压应急交流配电盘（LHA/LHB）供电，以实现 LHP/LHQ 的纠正性和预防性维修，提高机组可用率。当任何一台应急柴油机组处于不可用状态时，可以手动将 Y0LHS 柴油机通过 LHT 系统连接到相应的电源盘，替代不可用的应急柴油发电机组。

本次受损的主要为配气机构，其作用是按照发动机所进行的工作循环和点火顺序的要求，定时开启和关闭进排气阀，以完成气缸内废气与新鲜空气的置换。凸轮轴由曲轴通过正时齿轮传动并定时，通过凸轮型线的变化控制进气阀在进气冲程开、排气阀在排气冲程开，使新鲜的空气得以及时进入气缸，废气及时排出气缸，完成整个配气过程。MTU 柴油机配气机构原理如图 7-18 所示。

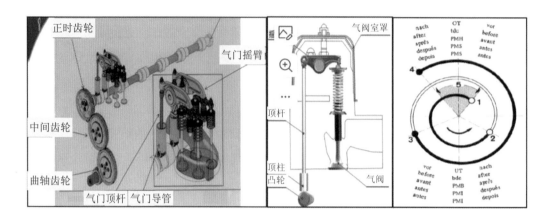

图 7-18   配气机构工作原理

配气机构主要由三大部分构成（图 7-19），缸头部件主要包括缸头、活塞、摇臂组件（摇臂、摇臂轴、气阀间隙调整螺钉、锁紧螺母、挺杆座）、进排气阀组件（气阀、气阀弹簧）；传动部件主要包括挺杆、摇臂和摇臂轴；凸轮轴部件主要包括凸轮轴、凸轮轴瓦、正时齿轮等。

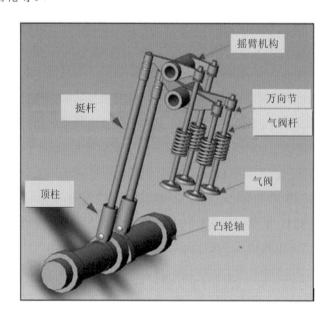

图 7-19   柴油机配气机构结构简图

配气机构润滑油经过主润滑油过滤器，依次流过齿轮箱油道、凸轮轴油道、轴瓦工

作面，并在凸轮轴盖板处分为三路：高压油泵密封油；高压油泵挺杆润滑；摇臂机构、
挺杆、顶柱、导向套。润滑油流向见图 7-20。

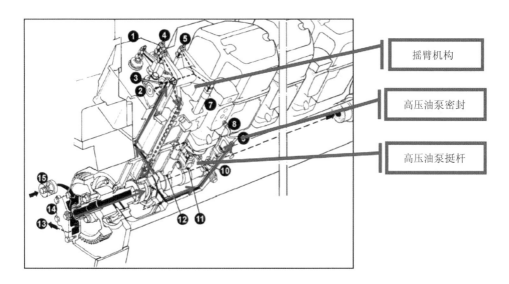

图 7-20　0LHS 柴油机配气机构润滑油流向图

0LHS 柴油机 B9 缸气缸头附近冒烟故障发生后，现场立即组织对受损情况进行拆
检，柴油机主要部件受损情况如下：

1）缸头部件。

①B9 缸进气歧管外表面油漆受热发黄，说明柴油机排气回窜至进气口，导致进气
管表面油漆过热。摇臂罩壳轻微凹陷，形貌为月牙形，应为排气阀调整螺钉松动后磕碰
摇臂罩壳的痕迹（图 7-21）。

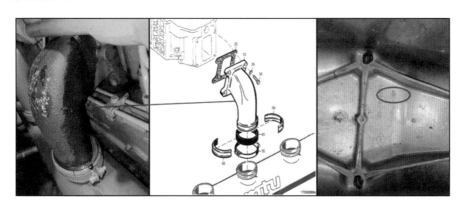

图 7-21　进气管外表面及摇臂罩图片

②左侧进气阀万向节与进气阀杆异常脱开（图 7-22），其余 3 颗气阀间隙调整螺钉锁紧螺母松动，3 颗气阀间隙调整螺钉退至根部。

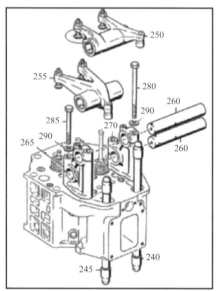

图 7-22　故障后 B9 缸摇臂机构检查情况

③B9/10 摇臂机构内部润滑油道发现金属异物，颜色发黄，呈卷曲片状，疑似轴瓦表面铜铅合金的剥落产物（图 7-23）。

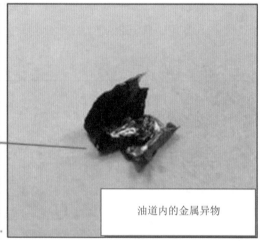

图 7-23　摇臂机构油道内发现的异物

④左侧进气阀杆弯曲明显（图 7-24），说明其曾受到较大的冲击力，致使阀杆屈服产生塑性变形。

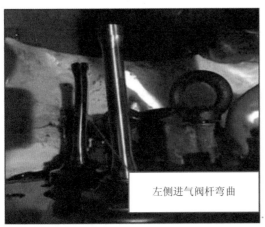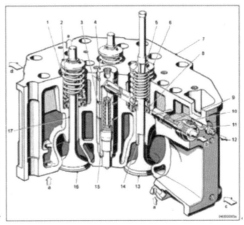

图 7-24　故障后 B9 缸摇臂机构外观情况

⑤B9 缸活塞顶与进气阀对应位置发现磕碰痕迹（图 7-25），活塞顶对应排气阀位置无磕痕，说明进气阀头与活塞顶相碰、排气阀未与活塞顶相碰。检查 B9 缸活塞、连杆、连杆大端瓦、缸套各部件未见异常。

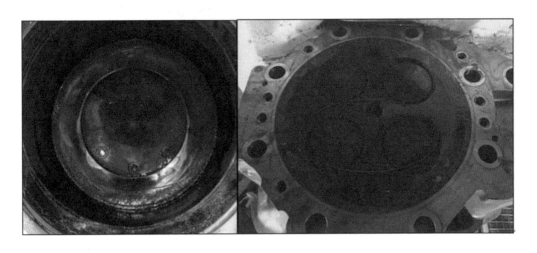

图 7-25　活塞顶与进气阀磕碰痕迹

2）传动部件。

①进气阀挺杆弯曲明显（图 7-26），目视检查球头有磕碰痕迹；排气阀杆弯曲不明显，目视球头未见明显异常痕迹。

图 7-26　进排气挺杆存在弯曲

②B9 缸进、排气阀 2 个挺杆顶柱卡死在高位（图 7-27），进气顶柱的导向套从机体中伸出一部分，定位销孔存在错位损伤。拆除顶柱后发现导向套内存在较多金属异物，外观可见为黄色金属，疑似轴瓦烧毁后的产物。

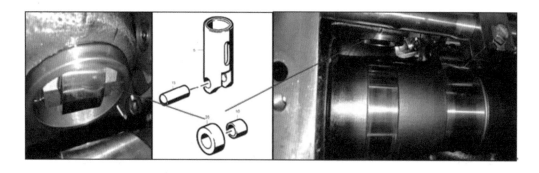

图 7-27　进、排气阀顶柱，导向套卡在高位

3）凸轮轴部件。

B9 缸凸轮轴轴瓦烧毁（图 7-28），凸轮轴轴颈处存在过热现象，轴瓦与轴抱死跑外圈，轴瓦内层工作面存在金属熔化迁移痕迹，瓦背附着有黑色物质，瓦背未见明显磨损迹象。

图 7-28　B9 凸轮轴瓦烧毁状态

（3）故障排查

根据上述损坏部件的故障现象可知，本次故障的主要失效点为 B9 缸配气机构相关部件，结合柴油机配气机构的结构与工作原理，造成配气机构动作异常的主要可能原因为缸头部件功能异常、传动部件动作异常、凸轮轴运行异常等三个方面，对每个故障因素进行细化分析。

1）缸头部件功能异常。

经排查，缸头、活塞连杆组件设备状态良好无异常，摇臂组件、进排气阀组件的故障现象与故障模式不足以导致凸轮轴瓦烧毁，可以排除"缸头部件功能异常"导致本次事件发生的可能。

2）传动部件功能异常。

传动部件包括挺杆、顶柱与导向套组件等两部分，其中顶柱卡死在导向套内高位，拆检发现顶柱与导向套配合面存在明显金属颗粒异物融化痕迹，配合表面存在"冷焊"现象，未见过热迹象，说明顶柱卡死的原因为异物随润滑油流入导向套，非自身缺陷导致。测量 B9 缸进排气阀挺杆，进排气挺杆弯曲变形量均大幅超标，表面未见疲劳辉纹，同一个气缸的两个挺杆在无特殊因素影响的情况下同时出现异常弯曲为极小概率事件。因此，挺杆应是在顶柱卡涩后受到气缸内的爆燃压力、活塞顶撞击气阀的冲击力作用而产生塑性变形。综上可知，排除"传动部件动作异常"导致本次事件发生的可能。

3）凸轮轴部件运行异常。

①凸轮与顶柱配合异常。根据上述对顶柱卡死原因的分析，顶柱卡死主要是由于异物落入顶柱与导向套配合面，凸轮未见异常，可排除凸轮与顶柱配合率先异常的可能。

②轴瓦烧毁：

润滑油不良或供给不足。使用内窥镜检查拆卸下来的 B 列凸轮轴、凸轮轴盖板油路内部，未发现异物残留。显微镜观察已损坏的 B9 凸轮轴瓦内表面，未找到异物划伤或镶嵌的痕迹，结合对润滑油滤芯的异物检查，排除异物故障因素。调取本次试验凸轮轴上游供油压力曲线，满功率阶段润滑油压力稳定，无异常变化趋势，在机组卸载过程中润滑油压力上升速率较快，且未达到稳定值，说明柴油机负荷下降速率较快，但尚未超标。润滑油取样化验结果合格，排除润滑油性能劣化故障因素。检查 B 列润滑油回路末端的 1 号凸轮轴瓦润滑良好，说明润滑油系统工作正常，排除润滑油压力或流量不足故障因素。综上可知，排除润滑不良或供给不足可能。

负荷过大。柴油机运行中凸轮轴、凸轮轴瓦的负荷主要来自挺杆和喷油泵。本次故障中，B9 缸喷油泵工作正常，其传递至凸轮轴的力无变化。而挺杆在顶柱卡死在导向套内之前工作正常，其传递给凸轮轴的力无变化，结合对传动部件动作异常的分析可知，凸轮轴负荷过大是轴瓦烧毁后顶柱卡死在导向套内的后果，非始发因素。因此，排除凸轮轴负荷过大可能。

瓦座制造装配缺陷。拆检过程中对 B9 凸轮轴瓦的油槽与凸轮轴油孔相对位置进行检查，未发现存在轴向窜位，测量 B9 凸轮轴外径 129.912 mm，满足设计标准要求。使用高精度激光工具测量 B 列 12 个凸轮轴瓦座内径与对中度，发现 B9 缸瓦座平均直径 137.99 mm，在 12 个凸轮轴瓦座中为最小值，对中度偏差 0.04 mm，在 12 个凸轮轴瓦座中为偏差最大值，且均低于 MTU 厂家设计标准。进一步使用内径千分尺详细测量瓦座内径，确认 B9 缸瓦座呈椭圆形，最小直径 137.93 mm 位置在 1/2 点钟方向，低于 MTU 厂家设计标准 0.07 mm。

为验证瓦座内径超标对凸轮轴瓦内径的影响，现场在 34 个凸轮轴瓦备件中选用了外径较小、圆柱度较高的优质轴瓦进行试装，新轴瓦装入瓦座后测量轴瓦内径，结果显示轴瓦内径较标准尺寸下限偏低 0.060 mm，轴瓦与凸轮轴轴颈间隙仅为 0.065 mm，远低于标准要求的 0.120～0.215 mm，根据 GB/T 21 466.1—2008 对液体动压滑动轴承承载力的定义，在轴瓦负荷及结构尺寸等不变的情况下，轴瓦的瓦隙减小，直接导致轴瓦的承载力下降，当润滑油厚度小于最小油膜厚度时，轴瓦和轴颈存在边界摩擦的风险。经

MTU 评估，当前瓦隙尺寸不可接受，建议扩孔处理。

由此可见，B9 缸瓦座内径低于设计标准，导致轴瓦与凸轮轴间的油膜厚度不足，当外部因素扰动导致油膜发生变化时，轴与轴瓦将由液体润滑向边界润滑过渡，存在导致凸轮轴瓦烧毁的风险。

按照机身瓦座、轴瓦瓦背的材质信息与各实测工艺尺寸，选取轴瓦与瓦座过盈量 0.13 mm，瓦座摩擦系数 0.2 为约束条件，对柴油机凸轮轴瓦及瓦座进行力学建模分析。结果显示：当瓦座与轴瓦间的过盈量过大时，会造成轴瓦内径内缩，促使轴颈与轴瓦的间隙降低，导致运行中油膜厚度下降，承载力降低；当轴瓦发热产生的热量传递到瓦座时，瓦座的内径应向外膨胀，逐步抵消轴瓦和瓦座的过盈力。以上述选取的约束条件为例，轴瓦温度从 20℃ 升高至临界温度 100℃ 以上时，轴瓦和瓦座的部分位置将逐步出现间隙，导致轴瓦跑圈。

建模结果与工程经验同时证明，瓦座受热后内径应向外膨胀而非向内缩小。故 B9 缸瓦座内径低于厂家设计标准应为制造缺陷或应力释放的结果，而非轴瓦烧毁后瓦座过热而产生的后果。

综上所述，B9 缸凸轮轴瓦座内径小于设计标准为本次事件始发因素，使轴瓦与轴颈的间隙低于设计标准，油膜厚度不足，导致烧瓦。

凸轮轴瓦设计制造缺陷。凸轮轴瓦为 MIBA 厂家设计制造，结构分为三层、钢、铅青钢、双重巴比合金 2.2020（$CuPb_{22}Sn$）。损坏的轴瓦为 2007 年 11 月 28 日的一批订单当中，根据厂家提供的出厂记录，轴瓦满足质量检测标准。对 Y0LHS 柴油机 B 列凸轮轴瓦在轴瓦座上以及拆卸后的尺寸进行测量，内外径尺寸与厂家新设备出厂标准基本相符。考虑该型号凸轮轴瓦应用广泛，仅在中广核集团内使用数量就达 456 组，国内核电领域使用量超过 1 500 组，除本次事件外未接到同类事件的反馈，故凸轮轴瓦在设计及制造质量上应较为可信。基本排除凸轮轴瓦设计制造缺陷失效可能。

特殊工况影响。0LHS 柴油机于 2010 年在德国 MTU 厂家完成总装，同年运抵 SNMD 厂内开始进行验收试验，在厂家与核电现场启动总次数约 400 次，运行时间约 400 h。日常期间，0LHS 所在 LHT 母线下游无负载，月度试验均在零功率工况下运行，每次试验时间 15～30 min，零功率工况下柴油机各缸发火不均，缸内燃烧不充分，各气缸出力不均衡，气阀挺杆向凸轮轴传递的力不均匀，不利于曲轴、凸轮轴等运动件间油膜的建立和保持，各柴油机厂均不推荐柴油机长期在零功率工况下运行。故与 LHP/LHQ 等柴油机设备相比，Y0LHS 长期运行在较恶劣工况下。本次磨合试验首次使用移动负载进行试验，涵盖各转速与功率平台，工况复杂，现场布置阶段将移动负载布置在了进气栅格附近，柴油机排气温度总体偏高 30～50℃，润滑油温度达到 81.1℃，比历史最高温度高 2℃，接近 83℃报警值，润滑油温度上升，压力下降，黏度降低，凸轮轴与轴瓦之间油膜厚度下降，润滑能力降低，存在边界润滑的风险。查询柴油机运行曲线，从 6 000 kW 满功率到零功率卸载过程仅用了 4 min，一般在并网工况下，柴油机在卸载至 800 kW 功率平台后需要等待主控操作解列，卸载过程一般在 10～15 min，本次使用移动负载无须等待解列操作，缺少了低功率运行的过程，在柴油机整体工作温度较高的情况下，降负荷速率快可能导致凸轮轴与轴瓦的散热不均匀，影响轴与轴瓦间的油膜稳定性。厂家建议在柴油机高负荷运行后降功率至 700～800 kW 运行 10 min 左右后停机，对柴油机安全运行有益。综上可知，设备长期零功率运行、移动负载布置、降负荷速率较快等运行工况可能对设备安全运行产生扰动，无法排除特殊工况对事件发生的影响。

结论： B9 缸凸轮轴瓦座内径小于设计标准为本次事件始发因素，使轴瓦与轴颈的间隙低于设计标准，油膜厚度不足，设备长期零功率运行、移动负载布置、降负荷速率较快等特殊运行工况，进一步降低了油膜厚度，导致凸轮轴瓦烧毁。

综上所述，0LHS 柴油机配气机构损坏过程如下：0LHS 柴油机 B9 凸轮轴瓦座内径偏小，轴瓦安装后与凸轮轴颈配合间隙低于设计标准，油膜厚度不足，降低了轴瓦的承载性能，但未达到立即损坏的限值，在 0LHS 柴油机调试、日常试验期间轴瓦未出现明显异常。0LHS 柴油机每月进行空载运行 15～30 min，空载工况下各气缸发火不均，出力不均衡，导致凸轮轴与轴瓦间油膜建立不稳定。本次磨合试验时间长达 8 h，满负荷运行后功率下降过程较快，对凸轮轴与轴瓦间的油膜厚度产生扰动，轴瓦与凸轮轴产生边界摩擦，轴瓦温度逐渐上升，内层金属熔化迁移，剥落的碎屑随着润滑油流入下游 B9 摇臂机构油道，进而流向 B9 缸进、排气顶柱与导向套内部，导致顶柱卡在导向套内高位。B9 顶柱卡在高位后，进、排气阀常开，当气缸运转至压缩冲程时，因活塞上行形成的压缩燃气推动排气阀关闭，而由于进气顶柱卡涩严重，气体推动力不足以关闭进气阀，燃气从进气阀回窜至进气歧管，活塞继续上行与进气阀阀头碰撞，来自曲轴的巨大推力推动进气阀关闭，如此往复在活塞顶部、进气阀底部留下碰撞痕迹，并导致左侧进气阀万向节从摇臂上脱出、进气阀杆弯曲、3 颗气阀间隙调整螺钉锁紧螺母松动。轴瓦进一步磨损，导致轴瓦过热内径收缩逐渐与凸轮轴抱死，顶柱完全卡死，直至现场试验人员发现 B9 缸附近冒烟，停运柴油机。

事件的直接原因为 B9 缸凸轮轴瓦异常磨损。根本原因为生产厂家制造的 B9 缸凸轮轴瓦座内径尺寸低于标准。促成原因为 0LHS 长期在零功率工况运行；移动负载布置位置影响进气温度；卸载速率较快；柴油机设备管理方面存在薄弱环节。

（4）事件后果及安全评价

实际后果：无。

潜在后果：若 LHP/Q 应急柴油机故障，无可替代应急电源。

安全评价：事件中附加柴油发电机（0LHS）B9 缸凸轮轴瓦异常磨损，导致附加柴油发电机不可用，而 0LHS 属于补充事故分析中要求可用设备。但因两列应急柴油发电机（LHP 和 LHQ）均可用，应对丧失厂外电的缓解系统的安全功能并未丧失。通过功率工况 SDP 第一阶段评估该缺陷虽然为设计或功能缺陷，但根据相关的程序/导则（如技术规范），该缺陷不会造成应有功能的丧失，最终安全重要度判定为绿色，即事件导致机组安全性能没有重大偏离。

（5）纠正措施

B9 缸凸轮轴瓦座内径尺寸低于标准为制造阶段产生问题，查询 0LHS 柴油机制造质量计划和完工报告，文件中无凸轮轴瓦的详细尺寸检查要求和记录，故在验收时未能及时关注到凸轮轴瓦座及相关部件的尺寸情况。日常期间，营运单位按照设备厂家提供的《设备运行维修手册》进行柴油机维护与检修，文件中也未包含凸轮轴瓦座及其相关部件的检查要求。针对上述设备制造、验收过程中暴露出的问题，营运单位已要求厂家在后续柴油机战略备件制造过程中，增加凸轮轴瓦座尺寸的测量记录，并将其作为制造完工报告的一部分提交电厂审查。另外，在后续日常试验中，营运单位使用红外成像设备对凸轮轴瓦座部位的工作温度进行监测，提前识别和发现凸轮轴瓦故障隐患，并在大修期间逐步完成全厂柴油机凸轮轴瓦、瓦座的内窥镜检查，防止同类故障重发。

针对长期在零功率工况运行问题，制定方案增加 0LHS 柴油机带功率实验时间。卸载速率较快问题，升版程序，明确 MTU 柴油机卸载速率标准。移动负载布置位置影响进气温度问题，划定移动负载位置，避开柴油机进气口；升版程序，增加柴油机试验期间进气温度监测。

7.2.2.5　调速器故障导致某核电厂 2 号机组 B 列应急柴油发电机组不可用时间超过运行技术规范要求后撤期限

（1）事件描述

2022 年 5 月 8 日，某核电厂 2 号机组处于功率运行模式，电厂人员定期巡检发现 B 列应急柴油发电机组负荷偏差比较器（2LHQ440ZL）显示超标，进一步检查确认发现是调速器（2LHQ410RG）故障导致无法实现应急柴油机 2LHQ001MO 的转速和负荷调节，进而导致 B 列应急柴油发电机组（2LHQ）不可用。通过在线第五台柴油机组（X0LHS）顶替 2LHQ 恢复 B 列安全母线应急电源后，对故障柴油发电机组完成了检修，恢复 2LHQ 柴油机可用。经调取就地记录仪后台数据，确认 2LHQ 不可用时间超过运行技术规范要求后撤期限。

（2）原因分析

电厂应急柴油发电机组 LHP/LHQ 为"二拖一"的柴油发电机组，即两台柴油机带动一台发电机。两台柴油机与发电机（2LHQ910GA）同轴连接，即任何时刻三台设备的转速均相同。2LHQ410RG/420RG 是两台柴油机的调速器，分别控制两台柴油机（2LHQ001MO/002MO）。要确保柴油发动机系统稳定运行，其物理结构要求调速系统必须满足以下条件：①两台调速器的额定转速必须相同且调速器的动态响应特性基本一致；②同一时刻两台柴油机分配的负荷基本均衡。

电厂应急柴油机组 2LHQ 使用的调速器（2LHQ410RG/420RG）是 Woodward 公司生产的 2301A 9903-400 型调速器（板件），它是应急柴油发电机组调速系统的核心设备，以它为核心组成闭环控制系统。它是确保整个应急柴油发电机组及时响应和稳定运行的关键设备。在柴油机运行期间，转速大选单元（2LHQ410ZL）从两个转速探头（2LHQ802MC/803MC）中选出幅值较大的一个作为应急柴油发电机组的转速反馈信号同时送到调速器 2LHQ410RG 和 2LHQ420RG。调速器接收 2LHQ410ZL 发出的转速反馈信号后与其内部的转速设定值比较，通过调速器的 PID（比例/积分/微分）运算并将结果转换成电流信号输出到执行器（2LHQ501RG/502RG），通过执行器调节柴油机的油门开度，从而控制柴油机在额定转速 1 500r/min 运行，使其发电频率稳定在 50 Hz。

调速系统负荷均衡的目的是实现两台柴油机的油门开度相同。两台柴油机上各安装了一个油门开度传感器（2LHQ501MM/502MM），用于测量柴油机的供油量，从而代表实际的柴油机输出功率。油门开度传感器的微弱信号经油门位置调节器（2LHQ420CE/430CE）转换成标准电压信号后，分别送给调速器 2LHQ410RG/420RG 进行负荷均衡调节，使两台柴油机的做功基本一致，从而达到负荷均衡的目的。调速系统设备组成及信号传递关系如图 7-29 所示。

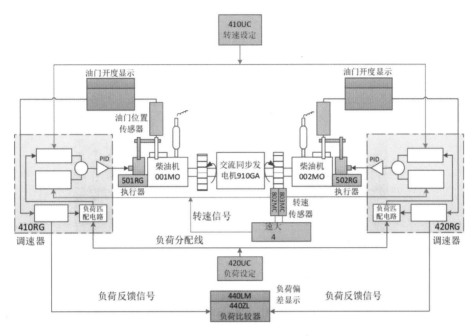

图 7-29　EOMM 中速度和负载调节系统原理框图

2022 年 5 月 8 日核电厂人员定期巡检发现 2LHQ420CE/430CE 的显示值分别为 2.4/2.5 mm，2LHQ440ZL 的显示值为−0.781 V。根据巡检标准：应急柴油发电机组处于热备用（不运转）的情况下，油门位置调节器 2LHQ420CE/430CE 的显示值应在 2.3～2.6 mm，负载偏差探测器 2LHQ440ZL 的显示值应在−0.150～+0.150 V。因此判断 2LHQ440ZL 显示异常（图 7-30）。

图 7-30　故障及正常时刻的 2LHQ440ZL 显示

根据信号传递关系可知，2LHQ440ZL 的信号来自两块调速器板件 2LHQ410RG/420RG。测量发现 2LHQ410RG 调速器接收的油门开度信号（来自 2LHQ430CE）数值正常，但输出的负荷反馈信号只有 0 V（正常应为 0.7 V 左右）。测量另一个调速器 2LHQ420RG

接收的油门开度信号（来自 2LHQ420CE）数值正常，输出的负荷反馈信号也正常。判断 2LHQ410RG 调速器输出故障导致 2LHQ440ZL 显示的负载偏差超出正常范围。

在实验室对故障的 2LHQ410RG 板件进行失效原因分析，检查该板件上的元器件无变色、电路板无变色。发现板件上一个编号为 C4 的电容两端密封塞外表面连接处存在不同程度的裂纹（图 7-31）。

图 7-31　故障电容左右两端裂纹

使用测试仪对板件上的电容特性进行测量，采用对比法将故障板件上的电解电容与正常板件上同位置的电容进行对比（共 5 个，编号为 C1～C5）。通过对比可以看出 C4 电容数据明显异常（图 7-32）。通过调速器板件布线判断该电解电容与板件电源电路相关，电容失效后板件工作电压变为 0、板件无法工作。使用同规格的 200 μF 电容代替故障的 C4 电容后，测量板件输出稳定。

图 7-32　故障板件外观

结论：2LHQ410RG 电路板上的 C4 电容失效导致板件无输出，导致本次事件的发生。

（3）事件后果及安全评价

实际后果：无。

潜在后果：应急柴油发电机组为核电厂提供应急电源，电厂正常运行时处于备用状态。B 列应急柴油发电机组（2LHQ）不可用导致 6.6 kV 应急电源系统失去一路内部应急电源，降低了一个安全系列的供电冗余。

安全评价：选用核电厂 1 号、2 号机组功率工况一级 PSA 模型，计算功率工况下 2LHQ 故障情况下核电厂 1 号、2 号机组的 CDF（堆芯损伤频率）值。计算保守考虑 2LHP 及 2LHQ 存在共因失效的可能，根据重要度判定准则，该事件的重要度为"绿色"。

（4）纠正和预防措施

电厂针对该缺陷采取的纠正措施如下：

1）消除 2LHQ410RG 故障，恢复 2LHQ 柴油机可用。

2）对 C4 电容失效的原因进行分析。

3）梳理 2LHQ410RG 及同类设备的故障模式。

4）优化 LHP/Q 应急柴油机重要设备巡检周期。

5）增加柴油机备用情况下核电厂 4 台柴油机 440ZL 的报警功能。

7.2.2.6　某核电厂柴油机 200/700FL 等软管安装偏差超标导致柴油机安全可靠性降低

（1）事件概述

2005 年 10 月 12 日，在 2 号机组第十一次（简称 211）大修期间，柴油机组六年检期间，在安装柴油机组冷却水软管时发现其所在的管道法兰间距为 335 mm 左右，不满足该软管的安装标准（软管设计标准长度 331 mm，管道间距偏差为 5%～+1%；同轴度偏差为≤5%）。同时，对基地所有电厂柴油机其他软管进行检查，发现了类似问题。事件发生后，对其他柴油机组的相同设备位置的软管进行了普查，发现还有 4 根软管也存在不同程度的安装偏差。在处理完 2LHQ 上的 200/700FL 软管后，对 2LHQ、2LHP、1LHP 和 1LHQ 其他型号的软管（包括油回路）做进一步检查和测量，发现 2LHQ 上另外有 8 根（冷态时测量）、2LHP 上有 11 根软管不合格（机组处于冷态），1LHP 上有 13 根不合格（机组处于热态），LHQ 上有 6 根软管不合格（机组处于热态）。综上可知，在电厂共发现 40 根软管存在安装偏差。此外，经查同一基地另一核电厂也有 38 根软管存在安装偏差问题（机组处于热态时测量）。

（2）原因分析

发现缺陷后，营运单位查询了安装文件（竣工图、供货清单）、历史记录（事件、工程服务申请、改造和工作票），分析了事件产生的原因，并对现场所有的软管进行了仔细检查。对 2LHQ、2LHP 所有水回路上的管道进行了重新切割、焊接或者调整，使其恢复到运行维修手册（EOMM）要求的安装标准。对于燃油系统上的软管，因为存在焊接风险同时考虑其运行工况（压力小于 1 bar，无振动），决定采取了重新加工管道法兰的方式。同时联系厂家，要求提供更长的软管，到货后立即更换（只需要短时间隔离柴油机）。

早在1997年，核电厂就曾发生过冷却水回路软管断裂导致柴油机跳机的内部事件，其根本原因是软管质量不合格。1997 年 5 月，对所有的软管现状进行了检查，发现部分软管存在拉伸、压缩、偏心、扭转、错位等问题，提出了工程服务申请，要求检查和纠正上述问题。但工程服务申请单内容比较笼统、不具体，没有具体数据。OTS 同 MRM 商量后在 104/204 中仅仅针对现场安装困难的 3 根软管法兰进行了错位纠正，而没有展开全面调查。当时直接以 ESR 作为工具依据，没有转化为 MR 或者 SMR。现在工程服务申请程序全面升版，原程序已废弃。

维修处在 2001 年 12 月对 2LHQ200/700FL 进行了更换（预防性维修，每三年一次），但是未发现上述软管缺陷。当时的维修程序只给出了安装标准，没有给出测量方法，也没有记录要求，在执行的过程中也没有完全按照规程列明软管的长度标准进行严格的检查，最终导致缺陷不能及时、全部被发现。

另一核电厂在 2002 年 7 月 17 日也曾经发生过 1LHQ206FL 断裂事件，经过核电厂独立分析和柴油机厂家分析，认为断裂的根本原因是软管质量问题，厂家提供了所有相关软管进行更换。同时，当时的接产部门对所有 DN50（200/700FL）和 DN40（203/206/214/703/706/714FL）软管的安装问题也进行了普查，并督促当时的工程部进行了纠正。但是由于认识不足，未能对其他软管进行检查。这次检查虽然发现 DN50（200/700FL）和 DN40（203/206/214/703/706/714FL）也有不合格的，但是偏差值很小，属热膨胀的结果。

经过查询柴油机等轴图，200/700FL 软管所在管道的法兰间距是 360 mm，而供货清单表明 200/700FL 的标准长度为 331 mm，EOMM 要求软管的安装拉伸量不能超过软管长度的 1%，所以三个技术要求是互相矛盾的，属于设计错误。

查询电厂 200/700FL 对应的等轴图，发现没有标识法兰间距。对于 200/700FL 以外的其他法兰连接的软管，未发现有设计错误，所发现的尺寸偏差应属工程安装阶段的管道安装偏差造成。对 200/700FL 等法兰连接的软管，EOMM 明确表明最理想的安装方式是压缩安装。这样，在地震工况下就可以承受拉伸变形，否则就存在断裂的风险。在 SSE 工况下，软管能够承受的最大拉伸量是 30 mm，如果拉伸量超过 30 mm，软管就可能断裂，最终导致柴油机不可用。

（3）纠正和预防措施

核电厂针对该缺陷采取的纠正措施如下：

1）修改等轴图法兰间距值。

2）对 1 号机组上的软管进行重新切割、焊接或者调整。

3）对核电厂所有不合格的软管进行重新切割、焊接或者调整，重新采购更长的管道后进行更换。

4）修改维修程序，标明对各个参数的测量方法和计算方法，并增加记录表格。

（4）经验教训

核电厂工程建设阶段的设计、安装缺陷长期潜伏 12 年未被发现，工作人员习惯性地认为"没有动过的设备或者已经处理过的设备就是好的"，导致缺陷长期没有被完全发现和消除，因此任何时刻应该坚持质疑的工作态度，严格遵守维修规程。

7.2.3　近期主要异常

7.2.3.1　一次试验不合格

（1）某核电厂 1 号机组备用柴油机 A 季度试验期间润滑油及高温水管路破裂

2019 年 1 月 12 日，某核电厂 1 号机组备用柴油发电机组 A 执行季度试验期间，出现 A 排排温偏差高报警。柴油发电机组紧急停车，检查发现 A8 缸连杆打破曲轴箱检查门并飞出缸体，润滑油及高温水管路破裂，润滑油及高温水从柴油机本体内流出。经返厂修复后，设备恢复可运行，设备运行正常。设备缺陷存在期间，1 号机备用柴油发电机 A 失去备用。

原因分析：连杆螺母的硬度偏低，引起 A8-1 和 A8-2 连杆螺母松退，导致 2 个连杆螺栓双向弯曲疲劳断裂，之后造成关联部件损坏。

（2）某核电厂 2 号机组备用柴油发电机 B 测量 CT 接地导致季度运行试验不合格

2020 年 10 月 15 日，某核电厂 2 号机备用柴油发电机 B 执行季度运行试验。在试验结束停机后，通过调取有功功率趋势，发现柴油发电机 B 到达设定功率 5 700 kW 后功率出现波动，整个试验过程中最大功率达到 6 215 kW，最小功率 5 305 kW，不满足

5 400～6 000 kW 的验收准则，导致试验判定不合格。

直接原因：柴油机功率运行期间因振动，CT 线芯绝缘破损导致接触端子箱外壳产生间歇接地，C 相二次电流分流，电子调速器监测电流不准确，导致功率调节异常。

根本原因：建安期施工时发电机中性点测量 CT 二次电缆绑扎防护不当，导致电缆长时间受力压迫，柴油机启动时端子箱振动使切割加剧，最终绝缘破损。

问题处理：在对该电缆绝缘破损处进行处理、确认电缆绝缘测试合格以及二次通流测试正常后，重新进行备用柴油发电机 B 并网试验，功率正常未出现波动，试验满足有功功率 5 400～6 000 kW 的验收准则。

改进措施：

1）完成发电机中性点测量 CT C 相电缆绝缘破损处处理，并在电缆线束受力处使用绝缘橡胶垫进行包裹绑扎。

2）对 1 号、2 号机其余三台备用柴油发电机端子箱进行检查，调整绑扎固定位置。

3）工程管理处、调试处、维修处备用柴油发电机接线箱的电缆锐边防护问题进行经验反馈。

经验反馈：对空间狭小且设备运行期间存在振动的接线端子箱，要关注其内部线路走线，防止因布线不合理或防护不到位导致电缆受力切割破损。

（3）某核电厂 SN1B 柴油机高温水泵漏水报告

2021 年 6 月 18 日，某核电厂 SN1B 12PC2-6B 型柴油发电机组在陕柴工厂更换缸套、活塞环组件、凸轮轴、喷油泵顶升机构后在磨合试验过程中发生机带高温水泵泄漏的现象，随即停车。2021 年 8 月 23 日，陕柴重工在工厂对故障泵进行了拆检，发现故障泵机封损坏。厂内开启外部不符合项，同时进行调查及根本原因分析。

设备制造商试验大纲规程规定的外观检查工序要求"管路紧固件无松动（无液体渗出）"，检查过程中发现 SN1B 柴油发电机组在磨合试验过程中发生机带高温水泵漏水现象，违反试验大纲要求。

直接原因：原装机封动环弹簧压缩量偏小，导致动静环之间接触面预紧力过小，安装不当或动静环之间稍有异物磨损，导致机封泄漏。

根本原因：拆检观察发现，密封圈状态完好，无缺口，无异常安装现象。机械密封，填料损坏碎裂，压缩量下降，静态贴合不严，密封度下降，导致泄漏。最终分析为原机带水泵的机械密封选型不适用，在该型柴油机的使用工况下，无法长时间运行。

促成原因：12PC2-6B 型柴油机高温水机带泵与低温水机带泵机械密封处漏水，在前期其他项目（采用 14PC2-6B 型柴油机，但机带高低温水泵相同）也发生机封处泄漏问题，已成为共性问题，制造厂问题分析及评估过程不及时，未能落实经验反馈，导致问题重复发生。

改进措施：根据前期项目经验反馈，已确认机械密封装置选型不适用，压缩量不足，抗异物能力差，陕柴重工已安排逐渐更换 12PC2-6B 型柴油机高、低温水泵机械密封。

执行情况：

1）针对 SN1B，开启 NCR，并根据 NCR 处理意见：返工，更换新型密封。已处理，相关设计院驻厂监造已验证关闭。

2）SN1A 实体完工前，最终原因分析未明确，并且工厂试验期间，未发生漏水现象；但为避免类似问题带到现场，目前组织陕柴重工更换全部机带高、低温水泵机械密封。

3）督促总承包商开展经验反馈，并协调制造厂针对 2 号机组，开展经验反馈，避免类似问题带到现场，要求陕柴重工对电厂 12PC2-6B 型柴油机，机带高、低温水泵逐步全部更换。

（4）某核电厂高温气冷堆柴油机排气管冒烟和漏油缺陷

2021 年 8 月 23 日上午，某核电厂进行 2 号应急柴油发电机组可用性试验，运行至 10% 负载时发现柴油机缸盖后排气总管冒烟，停车检查发现增压器前排气总管膨胀节密封面有黑色液体流出。解体上部排气总管，确定漏点为 6 号缸上部膨胀节左边密封面。

冒烟原因：

直接原因：6 号缸上部膨胀节和排气管有张口导致冒烟。

促成原因：膨胀节长度 76.1 mm，比标准短约 2 mm。

根本原因：上部排气总管缺少支撑设计，膨胀节设计上无支撑管道重量功能；此段上部总管长度 1.18 m，重量约 25 kg，两端膨胀节长时间受向下力，膨胀节和排气管会产生张口而漏烟，且膨胀节寿命会减少。

漏油原因：

直接原因： 进排气阀导套渗漏的润滑油进入排气总管。

应急柴发热备用期间，润滑油系统回路循环（由预润滑油泵驱动），且未盘车，持续的微量润滑油会通过气阀阀杆和气阀导套的间隙进入燃烧室，当该缸气阀处于关闭状态时，润滑油通过排气口溢出进入排气管道。

润滑油进入排气管路径：润滑油入口—缸体上油道—摇臂润滑油道—气阀导套—气阀上部淤积—排气管。

根本原因：设计缺陷，设计方未考虑柴油机发电热备用时进排气阀导套渗润滑油问题。

（5）某核电厂 2 号机组备用柴油机 A 保护功能试验期间活塞连杆总成断裂

2021 年 9 月 23 日，某核电厂 2 号机组处于第二次大修阶段模式 6，根据大修计划执行备用柴油机保护功能试验。9 月 23 日 16：08，开始执行 8 h 带载试验；16：33，加载至试验负荷（5 800 kW）；17：55，发现柴油机故障，紧急停运。检查发现设备损坏情况如下：①A3 和 B3 缸活塞连杆总成断裂损坏；②A3 缸曲轴箱盖板破损；③B3 缸曲轴箱盖板飞出；④机体外散落部件：一连杆瓦、A3 平衡重螺栓以及部分零件碎片；⑤A3 大端盖砸穿油底壳。

直接原因：燃烧室堆积冷却水，导致燃烧室容积减少，启动过程中造成 B3 连杆挤压，在薄弱区损伤启裂并疲劳扩展断裂。

根本原因：缸头排气阀座国产 O 形圈材料为氟橡胶，耐高温性能较差（相比进口氟醚橡胶材料的 O 形圈），已老化失效。

促成原因：

1）头排气阀座国产挡烟环为非充气型，高温密封性能较差（相比进口充气型挡烟环），加速排气阀座 O 形圈在高温环境下的老化。

2）B3 连杆螺栓孔外表面存在薄弱区（应力集中、折叠缺陷、沟槽痕迹等）。

问题拓展分析：

1）国内多座核电厂发生过气缸进水引发的柴油机故障。气缸进水点与本次 2A 备用柴油机事件类似，都是在气缸阀座处发生漏水。因此，通过同类事件经验反馈，后续备用柴油机设备管理中需要加强气缸阀座密封的检查。

2）针对根本原因"O 形圈选型不当"和促成原因"排气阀座挡烟环选型不当"，对于同批次的 1A、1B、2B 备用柴油机出厂时采用同样的部件选型设计，因此对于现场的其他 3 台柴油机有同样的借鉴意义，在后续需要对选型不当的排气阀座挡烟环、O 形圈进行逐一检查更换。

（6）某核电厂 1 号机组核岛 10 kV 柴油发电机系列 3（1LHR）执行部分带载试验期间出现日用油箱油位低

2022 年 3 月 10 日，营运单位执行 1LHR 部分带载试验，在试验恢复阶段主控出现 1LHR4104KA（日用油箱油位不高）。报警出现后油箱输油泵 1LHR4106PO 自动切至 1LHR4105PO。1 min 后主控停运柴油机，油箱油位报警未消失，现场检查油箱油位约 1.24 m（低于 OTS 要求值 1.3 m），导致 1 列 EDG（1LHR）不可用。

电厂进行原因排查，判定为日用燃油罐溢流管线偶发虹吸现象。3 月 11 日，营运单位通过就地排低日用燃油罐油位至 1.24 m（溢流管口下）后启动柴油机进行空载验证，日用燃油罐在 6 min 内即可升至正常溢流油位 1.38 m，结论与分析相符。

OTS 要求启动前柴油机日用燃油罐容量需 ≥4.95 m³（转换成油位值为 1.3 m）。

原因分析：

判定原因为日用燃油罐溢流管线偶发虹吸现象。

查找历史记录发现调试阶段 EDG（仅 1LHR 出现过，其余 7 台未出现过）柴油机日用油箱曾出现虹吸现象，主要表现为液位短时内从高油位迅速下降至 1.20 m 附近，然后在柴油机继续运行日用油箱油位逐渐上涨至满油位。

油罐内半径为 754 mm，外直径 1524 mm，罐子壁厚度 8 mm；在溢流管线由于油位波动发生偶发满管流形成虹吸现象的情况下，日用油罐油位会在短时间内从 1.38 m 下降至 1.24 m 左右，与本次试验期间现象基本吻合。

纠正行动：

1）分析制定针对 EDG 柴油机运行期间可能发生虹吸现象的应对措施。

2）在根本原因消除之前，确定执行柴油机试验期间针对该问题的风险分析及控制方式，写入工前会单。

监督要求：

分析问题根本原因，采取措施确保应急电源的可靠性。

经排查，其他机组在调试期间发生过虹吸现象，目前已完成 LHP/Q/R 溢流管线安装呼吸管线（增加了一根 DN15 管线）改造工作，电厂参照进行改造。

（7）某核电厂应急指挥中心应急柴油发电机定期试验不合格

2022 年 11 月 21 日，核电厂在进行应急指挥中心 2 号应急柴油发电机定期试验时，运行过程中冷却水温过高致保护停机（冷却水温 ≥103℃延时 5 s 保护停机），导致启动不成功，定期试验不合格。2023 年 10 月 15 日，在进行应急指挥中心 2 号应急柴油发电机定期试验时，运行过程中冷却水温大于 103℃致保护停机，导致应急柴油机运行失败，定期试验不合格。可能原因为冷却水温度计故障，触发冷却水温度高保护停机。

（8）某核电厂 1 号机组 1LHP 预热管线膨胀节漏水导致试验期间柴油机停运

2023 年 4 月 12 日，某核电厂 1 号机组执行 T1LHP001（A 列应急柴油发电机组月度低功率试验）期间，发电机组带载约 30 min 后主控出现 402AA（柴油机严重故障）报警，就地有 458AA（200BA 膨胀水箱水位低）、413AA（220 V 电源故障）；柴油发电机组就地控制模式下跳闸，1LHA 母线自动切回 1LGB 带载。现场确认预热管线膨胀节 214FL 漏水，隔离预热管线，紧急将 200BA 补水到正常液位 85.2%。维修专业更换漏水膨胀节，重新执行低功率试验，结果合格。

事件后果：1LHP214FL 漏水导致 200BA 液位低于报警定值，柴油发电机组就地控制模式下跳闸。柴油发电机组跳闸至膨胀水箱液位恢复期间，膨胀水箱液位低于限值，进入 LCO 3.8.1 相应状态，计 29 min。隔离预热管线更换漏水膨胀节期间，主冷却水管线功能正常，柴油机润滑油温度在限值以上，不影响柴油发电机组的应急启动功能。

事件潜在风险：预热管线为柴油机主冷却水管线的旁路，预热管线膨胀节漏水将导致主冷却水管线冷却水流失；如故障膨胀节持续漏水，将影响柴油机的冷却能力。

初步原因分析：1LHP214FL 膨胀节结构上从内至外分三层：内部密封层、中间织物承压层、外部保护层。初步检查发现内层存在小破口，冷却水通过中、外层发生外漏。膨胀节故障的可能原因及可能性高低如下：①备件质量缺陷（可能性高）；②膨胀节安装不当（可能性低）；③膨胀节老化失效（可能性低）。苏州热工院橡胶制品试验室对故障膨胀节非破坏性分析后认为，膨胀节硫化、加工工艺不当，具体原因还需进一步分析。

初步行动：①更换故障膨胀节并重新执行柴油发电机组试验，已完成。②加强现场安装的同批次膨胀节的跟踪检查，制定更换预案。③向其他机组大修进行经验反馈。进一步分析膨胀节破损漏水的根本原因，并采取针对性改进行动。

（9）某核电厂T2LHP006试验期间2LHP404UP跳闸导致2LHP应急柴油发电机跳闸

2023 年 6 月 14 日，某核电厂执行 T2LHP006 试验，应急柴油发电机启动后，主控出现 2LHP407AA（48 V 直流低电压），查询 KIT 记录，确认为 2LHP404UP 跳闸报警。2LHP404UP 跳闸造成循环水冷却风机无法自动启动，润滑油温度达到高高（95℃）阈值后触发就地保护停机信号，应急柴油发电机跳闸，2LHA 应急母线自动切换到 2LGB 带载。

开关切换过程中 2LHA 母线正常出现短时电压低，再次触发柴油发电机应急启动信号，2LHP 柴油发电机按逻辑设计再次启动，主控给出停机授权后就地无法正常停运应急柴油发电机。

仪控人员现场确认 2LHP404UP 下游负载无异常后，对 2LHP404UP 重新送电，运行人员操作就地 2LHP410TO 正常停运应急柴油发电机。

原因分析：

1）柴油机润滑油温度达到高高自动停运 2LHP 应急柴油机报警喇叭 2LHP401KL，触发瞬间电流过大，导致 2LHP404UP 跳闸。

柴油机冷却风机控制回路配置 2LHP404UP 单一供电风险识别不完整，存在设计隐患，导致单一 UP 跳闸后风机控制回路失电无法触发风机启动信号。

改造设计变更 ECN 信息传递有效性不足，导致运维专业在 2LHP404UP 跳闸后未能快速有效识别风险并响应设备故障缺陷。

在 2LHP404UP 跳闸后，冷却水温持续升高但是报警卡未有效指引运行手动启动冷却风机，导致润滑油温度超出保护定值。

报警喇叭未建立定期的维修管理策略，导致未及时掌握报警喇叭状态并开展维修。

2）就地 LOCAL 方式无法停运应急柴油发电机。柴油机继电器电路设计存在部分负载负极供电与正极供电不属于同一 UP 的情况，在特定工况下存在串电隐患，导致就地 LOCAL 方式无法停运应急柴油发电机。

（10）某核电厂 1 号机备用柴油机 A 高温水出机膨胀节内部橡胶层破损

2023 年 8 月 9 日，按照计划执行工单 2498105"备用柴油机 A（HY1-ZOS-MG-O1A）检查维护 1（52 W）"，除正常执行 PM 大纲规定的预防性维修项目外，主动对柴油机与外部管道连接的橡胶膨胀节进行外观检查，检查发现高温水出机膨胀节（HY1-ZOS-PY-Y12A）外表面存在细小的裂纹，拆除橡胶膨胀节后发现内部橡胶层脱落。破损碎片部分堵塞高温水温度控制三通阀流道，导致柴油机高温水流量减小。若未及时发现高温水系统内的橡胶碎片，柴油机后续继续运行，碎片存在完全堵塞阀门内流道的可能，将造成柴油机失去高温冷却水，进而会导致柴油机发生严重的故障。

原因分析认为，高温水出机膨胀节存在质量问题，橡胶层与纤维夹层附着力不足，导致内部橡胶层破损脱落，同时备用柴油机预防性项目中缺少橡胶膨胀节定期检查项目。

（11）某核电厂 1 号机组应急柴油发电机带载运行定期试验一次试验不合格问题

2023 年 11 月 20 日，1 号机组进行第三系列应急柴油发电机（1XKA30）带载运行定期试验期间，主控后备盘出现柴油发电机电气故障报警，定期试验不合格。试验执行人员分析认为模件综合保护装置故障，将柴油发电机退出热备用并更换综合保护装置后，进行功能再鉴定，结果合格。监督站监督确认，应急柴油发电机退出热备用，不可用时间为 16.5 h，在技术规格书规定的范围内。本次发生故障的模件为柴油发电机低电压、过流、逆功率等提供后备保护，当柴油发电机主保护系统处于正常状态时，该模件故障不影响柴油发电机可用性。

（12）某核电厂 4 号机组应急柴油发电机 40XKA40 维修后试转一次试验不合格

2023 年 11 月 20 日，4 号机组进行应急柴油发电机（40XKA40）维修后试转试验，在试转准备阶段，润滑油热循环预热泵发生跳停。试验执行人员分析认为由于气温低、润滑油黏度增大导致预热泵电机负载大，运行电流达到热保护动作值而发生跳停。待润滑油预热泵正常工作后，应急柴油发电机（40XKA40）在试转阶段发生跳停。检查发现柴油发电机补气手动阀（40XJP40AA022）填料松动，油门执行器位置信号反馈线的接线发生松动，试验人员处理缺陷后重新进行试验，试验合格，应急柴油发电机 40XKA40 投入热备用状态。监督站监督确认，应急柴油发电机退出热备用，不可用时间为 11 月 10 日至 21 日，共计 11 d，满足技术规格书要求（30 d 恢复）。

（13）某核电厂 5 号机组应急柴油机发电机组满功率试验一次不合格

2023 年 11 月 23 日，5 号机组执行应急柴油发电机组（LHQ）满功率试验过程中，柴油发电机并网 10 s 后，闪发润滑油底壳液位低低信号 4 s，导致柴油发电机保护跳停。经检查确认，实际油位正常，润滑油底壳液位低低信号为误触发信号。重新执行该试验，试验合格。营运单位分析认为，故障原因是仪表航空插头松动或液位测量探头故障，计划更换液位测量探头，并在后续试验中开展进一步验证分析。

（14）某核电厂调速器油泵单向阀密封不严导致柴油机启动失败

2023 年 12 月 20 日，执行 1 号应急柴油机 BEDG-EDG-1 检查维护后试验（并网试验），柴油机启动失败。将此次试验期间柴油机启动转速曲线与柴油机正常月度试验启动转速曲线对比，发现此次柴油机启动后升速缓慢，触发非应急保护停机信号，导致柴油机启动失败。

直接后果：1 号 EDG 热备用期间，调速器发生故障造成柴油机启动后转速增加缓慢导致柴油机启动失败，造成非计划进入 TS，计时共 2.17 h（柴油发电机组有一套不可运行，且 72 h 内至少恢复两套柴油发电机组到可运行状态，否则机组进入中间停堆 A 阶段）。

潜在后果：1 号 EDG 启动失败造成应急电源系统安全裕度降低，如倒通道至 2 号 EDG 期间发生 2 号 EDG 不可用故障且 72 h 内无法恢复，机组将进入退出模式。

（15）某核电厂 2 号机组"LHP 柴油发电机组满功率试验"一次不合格

2024 年 2 月 6 日，某核电厂 2 号机组执行"LHP 柴油发电机组满功率试验"。在就地软启动柴油机后，2LHP102PO（应急柴油机燃油输送泵 1）启动后跳闸。现场检查电源开关 2LLG231JA 故障白灯亮，日用燃油箱液位 657 mm。检查后判断原因为：开关柜 2LLG231JA 热继电器偶发定值漂移。故障发生后，营运单位中止试验，停运柴油机，更换 2LLG231JA 热继电器，现场手动启动 2LHP102PO 并确认 2LHP102PO 运行正常。

之后重新执行"LHP 柴油发电机组满功率试验"，试验合格。缺陷关闭。

7.2.3.2　其他

（1）某核电厂应急柴油发电机主保护设置与最终安全分析报告要求不完全一致问题监督

某核电厂部分机组应急柴油发电机主保护（在事故工况下的保护）实际配置与最终安全分析报告（FSAR）要求不完全一致，具体情况见表 7-2。

表 7-2　应急柴油发电机主保护配置与 FSAR 要求

田　湾	FSAR 要求	主保护实际配置
1 号、2 号机组	超速保护	超速保护
	润滑油油压低	润滑油油压低
	差动保护	差动保护
		风阀单侧关闭
3 号、4 号机组	超速保护	超速保护
	润滑油油压低	润滑油油压低
	差动保护	差动保护
		冷却水水温高

产生该问题的原因主要为应急柴油发电机制造商（西门子、MTU）在设计文件中明确了应急柴油发电机的主保护，且设计文件等已经通过设计澄清或合同技术附件等文件与中方、俄方进行了沟通确认。因此，应急柴油发电机主保护实际配置与设计文件一致。

（2）陕柴 18PA6B 柴油机气缸套异常磨损问题

近年来陕柴制造的 18PA6B 柴油机已累计发现约 120 个磨损气缸套。从 2010 年起至 2022 年 4 月，中广核各电厂的 18PA6B 应急柴油机在陕柴出厂试验或大修期间检查中，共发现 40 余起气缸套磨损问题，累计发现 110 多个问题气缸套。在 2020 年、2021 年两年中，某核电厂 1 号、2 号机组应急柴油机和附加柴油机已累计发现 4 个磨损气缸套。另一核电厂 1 号、2 号机组可靠柴油机在出厂试验时分别发现 1 个磨损气缸套。2022 年 6 月，某核电 1 号机组备用柴油机首次发现了 1 个磨损气缸套。我国核电厂采用的陕柴 18PA6B 柴油机气缸套磨损情况统计信息见表 7-3。

直接原因：柴油机启动过程中活塞环与气缸套之间润滑不良。

表 7-3　18PA6B 柴油机缸套磨损情况统计表

序号	事件名称	发生日期	后果
1	某核电厂 1 号机组 1LHP 应急柴油机 A1 缸气缸套磨损	2020 年 3 月	
2	某核电厂 0LHF 附加柴油机 A6 缸气缸套磨损	2020 年 3 月	
3	某核电厂 2 号机组 2LHP 应急柴油机 A2 缸气缸套磨损	2021 年 4 月	
4	某核电厂 0LHF 附加柴油机 A3 缸气缸套磨损	2021 年 4 月	
5	某核电厂 1 号机组 N1LHP 应急柴油机 B5、B8 缸气缸套磨损	2014 年 2 月	
6	某核电厂 2 号机组 N2LHP 应急柴油机 A3 缸气缸套磨损	2015 年 2 月	
7	某核电厂 2 号机组 N2LHQ 应急柴油机 A6 缸气缸套磨损	2015 年 3 月	
8	某核电厂 1 号机组 N1LHP 应急柴油机 A6、B9 缸气缸套磨损	2015 年 10 月	
9	某核电厂 4 号机组 N4LHQ 应急柴油机 A6、A7 缸气缸套磨损	2019 年 2 月	大修时发现，更换气缸套，增加维修成本，未直接导致其他后果
10	某核电厂 3 号机组 N3LHQ 应急柴油机 A1、A5、B2、B3 缸气缸套磨损	2019 年 4 月	
11	某核电厂 3 号机组 N2LHP 应急柴油机 A6 缸气缸套磨损	2019 年 10 月	
12	某核电厂 1 号机组 F1LHP 应急柴油机 A8 缸气缸套磨损	2020 年 3 月	
13	某核电厂 3 号机组 H3LHQ 应急柴油机 A9 缸气缸套磨损	2019 年 1 月	
14	某核电厂 4 号机组 H4LHP 应急柴油机 A3、A5、B3 缸气缸套磨损	2019 年 8 月	
15	某核电厂 3 号机组 H3LHP 应急柴油机 A1、A6、B5 缸气缸套磨损	2019 年 12 月	
16	某核电厂 1 号机组 H1LHQ 应急柴油机 A3 缸气缸套磨损	2020 年 11 月	
17	某核电厂 5 号机组 Y5LHR SBO 柴油机 A3、A4、A7、B6、B8 缸气缸套磨损	2019 年 6 月	
18	某核电厂 1 号机组备用柴油机 A1 缸气缸套磨损	2022 年 6 月	

可能的根本原因：18PA6B 柴油机设计时未全面考虑柴油机频繁快速启动和快速加载的运行方式，活塞与气缸套设计考虑不足，柴油机在快速启动过程中活塞环与气缸套之间的油膜未能有效建立，导致润滑不良。

促成原因：柴油机采用快速启动和快速加载的试验方式、活塞处于下止点时快速启动和预润滑油流量不足等多个方面。

改进建议：建议制定柴油机定期试验标准，根据国内外经验反馈合理优化柴油机启动和加载试验方式，厂家应针对 18PA6B 柴油机进行设计优化，改进活塞与气缸套的润滑。

（3）厂家发货错误导致 1LHP/1LHQ/2LHQ 应急柴油机部分连杆小端衬套尺寸存在差异

2022 年 6 月 13 日，某核电厂 1 号、2 号机组处于 RP 模式，1 号机电功率 1069MW、2 号机电功率 1074MW。据陕柴公司售后部门信息，其在 2021 年 7 月 31 日向电厂发货错误，供货的 12 根进口柴油机连杆小端衬套尺寸存在差异，电厂进一步核查，发现该批连杆已有 11 根使用在应急柴油机机组上，分别为 1LHP001GE、1LHQ001GE 和 2LHQ001GE，另外 1 件备件未通过电厂验收已返回陕柴公司。2022 年 7 月 3 日，经电厂核安全委员会（PNSC）会议决议，在具备条件的情况下尽快消除该偏差，于 2022 年 7 月 13 日开始，逐台对柴油机组展开连杆更换工作。

（4）厂家装配错误导致 H0LHSH2LHP 应急柴油机部分连杆小端衬套尺寸存在差异

2022 年 6 月 16 日，某核电厂接陕柴售后服务中心通知，存在 1.3 mm 厚度偏心的 20PA6B 型柴油机连杆衬套备件误用到连杆衬套备件与连杆孔同心的 18PA6B 型柴油机上（电厂应急柴油机型号均为 18PA6B 型）。排查发现 20PA6B 型柴油机连杆组件在 206 大修及大修前使用，分别用于 2LHP 柴油机 A4/B2 缸，0LHS 柴油机 A1/A5/A7/B8 缸，共 6 根。2022 年 6 月 23 日、24 日，专业开展 2LHP/0LHS 柴油机爆压数据测量，结果无明显差异。2022 年 6 月 28 日，厂家确认柴油机现场混装连杆衬套可以正常使用。随后营运单位完成两台柴油机连杆衬套更换。通过实际运行数据及陕柴公司和专利方 MAN 的计算分析，结论表明使用小端衬套尺寸差异连杆的 H2LHP/H0LHS 应急柴油机可用性不受影响。

事件后果：0LHS/2LHP 柴油机满载再鉴定时，连杆衬套混装的 6 个气缸与其他气缸排温情况无明显偏差，机组振动数值无异常增大或超标情况。已执行 8 次 H2LHP 月度试验期间排温数据均无异常情况。经专业及厂家分析评价，误用的连杆衬套不影响 H0LHS/2LHP 柴油机的可用性。

（5）某核电厂 H4LHP 柴油机部分 TEC 继电器存在异物

2023 年 8 月 25 日，执行 T1LHP006 试验恢复阶段，停运 1LHP001AP 后 1LHP216ZV 较其他冷却风机停运时间偏长约 3 min。对 1LHP717XR 进行解体检查发现其 31/34 触点上附着丝状异物。扩展检查 406 大修 4LHP 更换下来的 273 个瞬态继电器、306 个瞬态继电器和延时继电器备件，发现其中 50 个继电器内部有异物（包括金属片、焊渣、丝状物、塑料片、纸屑）。继续排查 4 号机 6.6 kV 中压配电盘 GE 继电器 GE-Z02AA 48DCV、GE-Z02AA 110DCV（与 TEC 继电器属于同一个厂家），也发现少部分存在异物。

对核电厂安全运行的影响：每台柴油机共有 8 台风机，2 台风机不可用会导致柴油机不可用，本次故障现象为 216ZV 延时停运，试验期间可正常启动，风机可用，故不影响柴油机可用性。

潜在后果：每台柴油机有 302 个 TEC（延时、瞬态）继电器，经分析影响柴油机可用性的有 51 个，其中 29 个影响柴油机应急启动、带载、保护、闭锁等功能，22 个影响柴油机预热、预润滑、冷却、燃油输送等功能。TEC 继电器内部存在异物，可能影响柴油机控制功能，甚至导致柴油机不可用。

每台机组共有 8 块配电盘 93 个间隔，每个间隔继电器数量最多 8 个，除 2 个继电器为报警用，其他继电器故障影响该间隔分合闸功能。6.6 kV 中压配电盘 GE 继电器内部存在异物，可能影响 6.6 kV 中压配电盘保护功能，甚至导致 6.6 kV 中压配电盘越级跳闸。

（6）某核电厂 5 号机组应急柴油发电机缺陷

2024 年 1 月 10 日，某核电厂 5 号机组进行应急柴油发电机组（A 列）满功率试验过程中，出现高温水电加热器温度高报警，试验合格但有缺陷。检查发现，电加热器下游压力表故障，不能准确测量压力，控制系统无法停运电加热器，电加热器持续处于投运状态，导致温度超过报警值。对故障压力表进行了更换，计划在后续试验中对仪表功能进行验证。

本次试验过程中，应急柴油发电机高温水电加热器温度高报警不影响应急柴油发电机在事故工况下的可用性，不涉及验收准则，试验结果满足验收准则要求。

（7）某核电厂 1 号机组应急柴油机组一套不可运行进入运行限制条件

2024 年 1 月 22 日，按计划进行" B 通道应急柴油发电机试验（Q11-EEDG-TPTSL-0002）"，2 号 EDG（应急柴油机）处于 B 通道热备用状态，主控启动柴油机失败，现场检查确认原因为 2 号 EDG 超速保护装置异常动作，随后将 B 通道 3 号 EDG 切换至热备用并成功启动柴油机，进行 B 通道 3 号 EDG 的试验部分，结果满足要求，B 通道恢复至可运行状态。其间 B 通道（2 号 EDG）不可用，导致一组应急柴油机组不可运行进入运行限制条件 3.8.1.1B.（2024 年 1 月 22 日 10：16—10：31）。对故障超速保护装置进行检查，发现其停车器连接臂和摇臂连接销的中心对整体机构的垂直轴线的偏心距不满足标准值要求，引起 2 号 EDG 超速保护装置动作定值漂移导致试验期间错误动作。更换 2 号 EDG 超速保护装置，并于 2024 年 1 月 27 日进行 2 号 EDG 超速保护装置验证，结果无异常，缺陷关闭。

（8）某核电厂 1 号机组 B 列柴油机连续发生多次异常

2024 年 1 月 16 日，某核电厂 1 号机组调试执行"备用柴油发电机满负荷试验"，发现在 1 号机组 B 列柴油机启动过程中，风冷散热器自动成组投运，在第三组风机同时启动后，辅机柜电源开关跳闸，厂家分析原因是风机启动瞬间大电流导致辅机柜电源开关接地过流保护动作。

2024 年 1 月 17 日，调试执行"备用柴油发电机满负荷试验"，备用柴油发电机 B 列首次达到满负荷 6 min，柴油机发出润滑油压力低低报警跳机，现场检查发现与柴油机本体卡套连接的 A 排增压器润滑油压力变送器脱落导致润滑油泄漏。

2024 年 1 月 17 日，1 号机组 B 列柴油机启机并网升功率到 2075 kW 后，7 s 内功率升到 9 900 kW，运行约 60 s 后机组短时突然加负荷，紧急停运后，现场检查发现柴油机电子调速器航空插头脱落。

2024 年 2 月 1 日现场执行"备用柴油发电机满负荷试验"，B 列备用柴油发电机 110% 额定功率甩负荷时，柴油机超速保护动作、过频保护动作，柴油发电机停机。判断为 DGM（柴油机管理单元）调速的 PID 参数需要现场调整，完成 PID 参数调整后待启机后验证。

2024 年 2 月 2 日，B 列柴油发电机组功率升至 110% 负荷准备进行甩负荷试验时，出现 PCOT 油温高报警并触发停机。现场检查发现缸套、活塞出现异常磨损。B1 缸拆除后返厂检查。判断直接原因为 1 月 17 日超负荷后活塞运动失衡，活塞与缸套剐蹭，导致活塞环缸套发生损坏。

营运单位开展原因排查后认为直接原因是 2024 年 1 月 17 日柴油机试验并网后功率升至 2 075 kW，由于电子调速器与机械调速器连接的电气插头脱落，7 s 内功率升至 9 900 kW 并持续运行约 60 s。机组短时突加负荷，造成活塞运动失衡，进而导致活塞与缸套的剐蹭。超负荷从缸套下部检查缸套内表面无法观测到缸套上部，存在活塞环、缸套或其他部位发生损坏的可能。本次事件的根本原因是在柴油机本体上设置了油门限位装置对负荷进行限制。当电子调速器与机械调速器连接的电气插头因松动脱落时，油门限制装置的限位并非在设计要求的 110% 负荷（9 130 kW）所对应的油门位置，而是在 10 312 kW。本次事件的促成原因是机组并网期间，电子调速器与机械调速器连接的电气插头脱落，导致机组控制转速由电调设置的 600 r/min 转变为机械调速器设置的 615 r/min。但由于机组处于并网状态，因此频率受电网控制稳定在 50 Hz 左右，机械执行器始终处于最大位置，进而导致功率在短时间内上升。

针对本次事件，营运单位采取了以下整改措施：

1）检查负荷限位螺栓，重新调整油门限制装置至 110%负荷（9 130 kW）（2024 年 1 月 17 日柴油机超功率事件后，在柴油机 110%负荷运行时进行了油门装置限制装置调整）。

2）对 B1 缸缸套、活塞连杆组件进行更换（2024 年 2 月 7 日已完成 B1 缸缸套、活塞连杆组件的更换工作，质量计划已关闭）。

3）A/B 每排抽检一个缸，进行吊缸检查活塞顶积碳情况，观察活塞环槽有无积碳，并确认活塞环是否有异常卡滞（2024 年 3 月 7 日完成 A1 和 B4 缸活塞运动组件抽检，两个缸的活塞未发现异常，活塞顶环在环槽内运动灵活，未出现积碳影响顶环运动及卡死现象）。

4）探索通过设置机械调速器转速限制和速度降，来进一步避免并网等工况下的超负荷现象。

5）试验验证前编制专门的试验前检查清单，防止电气插头脱落等类似事件。

6）更换故障件后按照柴油机 EOMM 手册中的要求进行磨合试验。磨合后拆下喷油器使用内窥镜检查所有缸套表面状态处理进展。

2024 年 3 月 23 日 20：15，B 列备用柴油发电机首次满负荷试验重新试验执行启机操作，启机失败。现场处理故障，21：17 重启试验完成启机。21：25，已完成同期并网并加载至初始功率 800 kW。21：35，就地发现 DGM 装置综合报警，经与主控沟通远方停运柴油发电机。24 日 00：39，试验被中止。

（9）某核电厂 2 号机组柴油机预热水泵电机（N2LHQ201MO）轴承加错润滑脂问题

2024 年 2 月 5 日，某核电开展"三一致"（大纲、程序、执行）专项审查时，发现 2 号机组柴油机预热水泵电机（N2LHQ201MO）工作包由定期检查修改为电机解体，询问运营公司项目部电气部准备工程师，反馈在 2024 年 1 月 8 日核对 2 号机组柴油机预热水泵电机（N2LHQ201MO）油脂型号时，发现 206 大修该电机解体时加错油脂，应使用聚脲基润滑脂（MOBIL POLYREX EM，1100000261）油脂，错误地使用润滑脂（MOBIL UNIREX N3，1100013778），凭经验认为对设备无影响但未汇报，存在违反股份公司两个"零容忍"条款要求的情形。

分析原因如下：①直接原因是准备工程师凭经验工作，履职不规范；②根本原因是运行公司项目部透明度文化没有深入人心、核安全敬畏心不足；③促成因素是运行公司项目部对准备工程师履职规范管理不足、透明度文化及核安全文化建设存在不足。

核电厂及相关单位计划采取的措施如下：①运行公司项目部针对准备履职规范管理问题制定专题改进方案；建立油脂台账，升级电机解体程序；针对违规个人及组织进行追责，对个人采取发起黄线事件的处理，并对以上处理措施开展全员警示震撼教育；联合核电厂对运行公司项目部开展透明度文化及核安全文化建设专项评估。②针对此事件，核电厂已按照安质环"预警刹车"机制实施细则对运行公司项目部实施"挂牌督办（红牌）"，并将对运营公司及其项目部进行提醒谈话。

（10）某核电厂 3 号机组柴油机 B 列涡轮增压器部分叶轮叶片缺角

2024 年 2 月 17 日，营运单位在 3 号机组换料大修期间执行 3LHP 柴油机检修工作。对 B 列涡轮增压器进行内窥镜检查时发现，其压气机叶轮叶片存在缺角。解体涡轮增压器，检查发现 4 片叶片损伤，最大损伤长度约 30 mm，其余 5 片叶片有变形或刮伤痕迹。营运单位对涡轮增压器上下游设备进行排查，发现中冷器（靠近涡轮增压器侧的 1 级冷却器）散热翅片存在部分损伤、变形；在涡轮增压器下游与中冷器进气侧散热翅片之间找到 8 块铝块，材质与叶片相同，拼凑后与增压器叶片缺失部分基本吻合；中冷器进气侧翅片及涡轮增压器进口发现部分黑色非金属细小颗粒，无法测量其具体材质，营运单位对其进行吹扫清理。

3LHP 柴油机 B 列涡轮增压器压气机叶轮叶片存在不同程度的损伤，故障扩大会导致叶轮叶片损坏，造成柴油机出力不足，如果叶片损坏产生的异物进入燃烧室，可能导致柴油机拉缸。

监督要求营运单位分析涡轮增压器叶轮叶片损伤的原因，更换叶轮，必要时更换中冷器进气侧散热翅片。

（11）某核电厂 3 号机组 F3LHP 柴油机调速执行器中传齿轮衬套异常

2024 年 2 月 21 日某核电厂 3 号机组大修期间，在 3LHP 曲轴箱 1 号曲柄销下方（油底壳内）发现 20 余片金属薄片，外观形态似碾压过，最大碎片尺寸，长×宽：6.5 mm×6 mm，厚度约 0.16 mm。

2 月 23 日进一步排查，查找来源：打开调速执行器下方工艺孔板，发现调速执行器驱动轴传动齿轮（水平安装）下方有多个金属碎片，光谱检查与在油底壳发现的金属一致。2 月 24 日结合金属碎片位置和厂家零部件材质反馈，经营运单位专项技术小组讨论，进一步吊开调速器及其传动总成（3LHP 柴油机 B 侧齿轮箱），确认调速器的中传齿轮衬套（41 齿一侧）存在异常磨损，且检查轴窜为 0.84 mm（标准为 0.15～0.35 mm）。解体机械调速器传动总成（3LHP 柴油机 B 侧齿轮箱）检查：衬套厂家标识为 CYM（重庆跃进），衬套有脱胎、裂纹情况。经过现场确认金属碎片来源于机械调速器中传齿轮衬套。

原因排查表明衬套与轴承座安装工艺存在偏差，陕柴公司衬套冷装工艺文件存在不足，且现场对该项工作管控不足，缺乏时间、温度控制，导致部分衬套可能因过冷造成脱胎。经厂家设计专项核查，仅机械调速器中传齿轮采用冷装（锡基）巴氏合金衬套。其他位置以铜合金（铜基）为主，经厂家设计计算，按液氮-196℃冷却计算，周向拉应力 97 MPa、轴向拉应力 115 MPa。铜铅合金与钢背结合强度能达到 160 MPa 及以上。

电厂后续拟在大修完成 3LHP/Q/R 三台柴油机的彻底处理，更换调速器中间齿轮轴衬套。在 4 号机组商运前完成 4LHP/Q/R 三台柴油机的彻底处理，更换调速器中间齿轮轴衬套；更换的调速器中间齿轮衬套，采用加热轴承室的热套工艺安装。其他铜合金等衬套无须更换。

（12）某核电 1 号机组备用柴油机 B 试验期间 B5 缸检查门安全阀动作漏油

2024 年 3 月 3 日，某核电厂 1 号机组备用柴油机 SDG 系统检修，完成 A3/A7/A8 异常磨损缸套的更换及其他消缺工作后，执行相关试验。1 号机组备用柴油机 B 带载功率升至试验要求的 5 700 kW 后，地控制柜出现"B 排排气温度偏差"报警，B5 缸排气温度从 430℃小幅上升后突然下降至 200℃左右，随后发现 B5 缸检查门的安全阀流出部分润滑油，试验人员立即操作紧急停机。确认为 B5 和 A5 两个气缸的连杆大端轴瓦磨损。截至 2024 年 3 月 31 日，该故障尚未修复，营运单位计划返厂维修，维修工期预计为半年。营运单位已调配移动式中压柴油发电机到 60 厂房外待命。

（13）某核电厂 2 号机组第七次大修期间 2LHQ 柴油机异常

2024 年 3 月 7 日某核电厂执行 LHQ 柴油机满功率再鉴定试验，具体时序：11：34 柴油机并网后到达满功率；12：44 柴油机出现功率波动，由满功率（5.77 MW）降低至 4.96 MW；12：45 手动提升功率至满功率（约 5.80 MW）；12：52 现场发现异常紧急停机，检查发现 A9 缸道门有油漏出，检查推力轴承座固定支架有裂纹。

该 LHQ 柴油机型号为陕柴公司生产的 18PA6B 型，于 2011 年 12 月 22 日出厂。根据维修大纲要求，该柴油机于 2019 年 10 月（2 号机组第四次换料大修）实施检修，更换所有运动部件（缸套、活塞、连杆等）；207 大修未执行运动部件相关工作，抽检更换 2、9 档主轴瓦。

现场初步检查情况：①A9/B9 缸连杆损伤，缸套下部破损，活塞裙部破损；主油道有破损，推力轴承座出现裂纹。②A9 侧平衡重两颗紧固螺栓断裂，平衡重掉落至油底壳；B9 缸侧平衡重有剐蹭痕迹。③A8/B8 缸观察孔门台板侧有金属碎屑，运动部件未见异常。④轴颈油孔可见，整圈有摩擦痕迹，局部发蓝。

根据初步检查结果以及电厂柴油机专家组评审意见，已决策对 LHQ 柴油机进行整体更换。

电厂后续计划措施：①成立抢修专项组，开展现场抢修；②解体柴油机检查确定具体原因；③调配借用其他核电厂基地同型号柴油机整机战略备件 1 台；④对 LHQ 柴油机厂房大门进行门洞扩大改造；⑤制订专项计划，编制整机更换方案。

（14）某核电厂 2 号机组 2LHP 柴油机燃油齿条驱动摇臂螺栓断裂

2024 年 3 月 12 日，某核电厂 2 号机组 2LHP 柴油机在大修 5 年定期检修过程中，营运单位发现 2LHP 柴油机 A3、B1、B4、B8 四个缸内燃油齿条驱动摇臂螺栓断裂，营运单位初步分析为螺栓使用年限较长，柴油机运行时驱动摇臂需要反复动作，螺栓长期受到反复应力后疲劳断裂，营运单位计划请 105 所协助进行深入分析。

本次燃油齿条驱动摇臂螺栓虽然断裂，但是螺栓整体还在螺孔中执行连接作用，因此对于柴油机供油阀的控制没有产生直接影响。螺栓断裂发生在对螺栓的力矩检查过程中，未导致柴油机内部产生异物。若未及时处理，在柴油机运行时会导致螺栓断裂，断裂的螺栓、螺母会进入柴油机造成不可预测的影响。此外，螺母断裂并脱落后，柴油机运行的振动会导致螺栓整体脱落，进而影响柴油机缸体的进油阀控制，导致柴油机供油异常，从而可能影响柴油机的可用性。目前营运单位已对柴油机 2LHP 中 18 个摇臂螺栓进行更换，后续计划采购备件，对其余柴油机摇臂螺栓进行检查，并将此经验反馈升版至规程中。

华南监督站要求营运单位对燃油齿条驱动摇臂螺栓断裂进行根本原因分析，对其余柴油机相关设备进行排查处理。

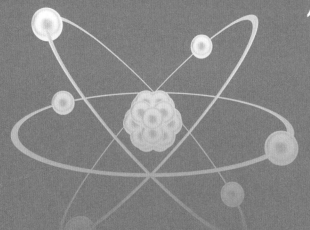

第 8 章

国外应急柴油发电机组相关异常的经验反馈

8.1　欧盟委员会联合研究中心应急柴油发电机组经验反馈

欧盟委员会联合研究中心（JRC）于 2013 年发布专题报告《应急柴油发电机相关事件专题研究》，收集了德国 GRS 的 VERA 数据库、法国 IRSN 的 PIREX 数据库、IAEA/IRS 数据库以及美国 NRC 的 LERs 数据库的应急柴油发电机组（EDG）相关事件（1990—2012 年）并进行分析。

8.1.1　德国

德国核电厂 17 座核电站共配置 110 台 EDG，在 1990—2009 年共计发生 241 起 EDG 相关事件。

应急柴油发电机系统主要包括柴油机、发电机、励磁机本体，以及燃油系统、润滑油系统、高温水系统、低温水系统、进排气系统、压缩空气启动系统、调速系统、控制系统、励磁系统和交直流配电系统等辅助系统，应急柴油发电机设备故障基本覆盖了各个子系统。

对发生故障的系统进行统计（图 8-1），1990—2009 年德国应急柴油发电机故障的系统中，故障率较高的有柴油机、燃油系统、启动系统、发电机。这 4 类系统的故障占比达 64%。

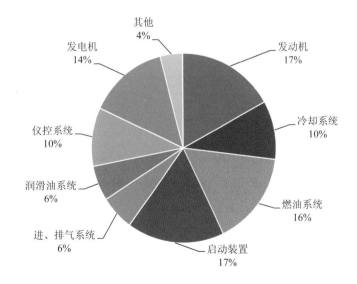

图 8-1　德国 EDG 故障系统类型占比

德国核电厂 EDG 制造商共有 KHD、MAN、MMB、SACM、MTU 等 5 家，其中 MTU 为最大制造商，制造了 86 台应急柴油机组。分别对各制造商的 EDG 在 1990—2009 年内的启动次数、运行小时数和对应的故障次数进行了统计，如表 8-1 所示。

表 8-1   德国各 EDG 制造商的启动失效、运行失效统计

制造商	KHD	MAN	MMB	SACM	MTU	合计
启动次数	2 400	240	576	3 360	22 536	29 112
启动失效次数	6	0	0	9	41	56
启动失效频率	0.002 5	0	0	0.0027	0.001 8	0.001 9
运行小时数	4 800	480	1 152	6 720	45 072	58 224
运行失效次数	2	0	4	16	75	97
运行失效频率	0.000 4	0	0.003 5	0.002 4	0.001 7	0.001 6

8.1.2   法国

法国核电厂共计 116 台 EDG（58 台核电机组）和 7 台附加柴油机（7 家法国 900 MWe 系列核电厂）。法国每个核电机组配置两个 EDG。此外，每个核电厂现场配置一台附加柴油机，应对核电厂机组中的 LOOP 情况以及两台 EDG 故障。

1990—2010 年，法国核电厂共计发生 255 起 EDG 相关事件，其中 EDG 事件 248 起，附加柴油机事件 7 起，平均每个 EDG 发生 2.1 起事件，平均每个附加柴油机发生 1 起事件。

对发生故障的系统进行统计，如图 8-2 所示。1990—2010 年，法国应急柴油发电机故障的系统中，故障率较高的有仪控系统、燃油系统、冷却系统。这 3 类系统的故障占比达 64%。

法国核电厂 EDG 制造商共有 SACM、SEMT-PIELSTICK、SULTER 等 3 家，其中 75 台 900 MWe 系列核电厂机组的 EDG 和附加柴油机是由 SACM 制造，44 台 1 300 MWe 系列以及 1 400 MWe 系列核电厂机组的 EDG 和附加柴油机由 SEMT-PIELSTICK 制造，4 台 1 300 MWe 系列核电厂机组的 EDG 和附加柴油机由 SULTER 制造。1990—2010 年，平均而言，SACM 制造的每台 EDG 发生 1.4 起事件，SEMT-PIELSTICK 制造的每台 EDG 设备发生 3.2 起事件，SULTER 制造的每台 EDG 产生 4.5 起事件。

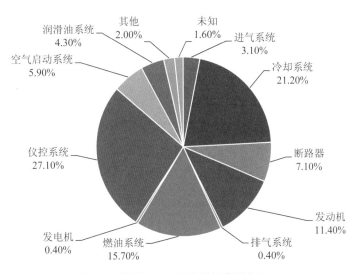

图 8-2　法国 EDG 故障系统类型占比

8.1.3　美国

JRC 报告筛选 1989—2011 年的美国 115 起 EDG 相关事件进行分析。对发生故障的系统进行统计，如图 8-3 所示，故障率最高的系统为安全设备、控制设备、保护设备、仪控设备以及电路、断路器等，占比为 36.5%。此外，故障率较高的系统有冷却系统、燃油系统。这 3 类系统的故障占比达 64.3%。

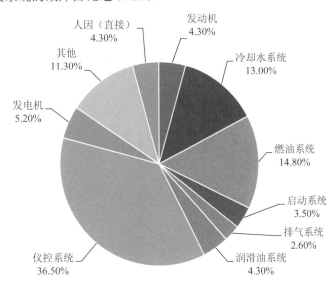

图 8-3　美国 EDG 故障系统类型占比

8.1.4   IRS

JRC 报告筛选 IAEA/NEA 国际运行经验报告系统（IRS）中 1988—2012 年的 65 起典型 EDG 相关事件进行分析。

对发生故障的系统进行统计，如图 8-4 所示，故障率最高的系统是冷却系统，占比 21%，机械故障次之，占比 13%。其他系统故障占比大致相当。

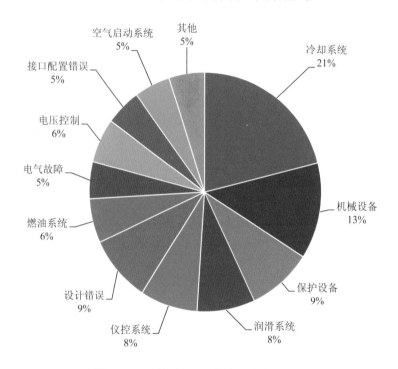

图 8-4   IRS 统计 EDG 故障系统类型占比

8.2   国外应急柴油发电机组的典型事件

8.2.1   柴油机机械部件

案例 1：法国某核电厂试验期间 EDG 机械磨损着火导致损坏

2010 年 11 月 28 日，法国某核电厂在做 EDG30%带载定期试验，EDG 启动几分钟后，连杆大端轴承附近冒烟，工作人员被迫撤离房间，计划通过就地紧急停止按钮停运

EDG，但无法打开按钮保护罩，最终通过停止燃油供给泵停运 EDG。火情持续近两小时并导致 EDG 损坏，火势被 EDG 间的自动灭火系统扑灭，由于火灾报警信号的传输电缆被烧坏，主控室未收到火灾报警。

后果：1 个 EDG 损坏，停堆 11 d。

原因：MIBA 公司第二代连杆大端轴承缺陷。

纠正措施：

- 更换损坏的 EDG；
- 分析 EDG 损坏的原因；
- 研究将火灾警报传输至控制室的电缆安装防火装置；
- 验证核电厂所有 EDG 紧急停止按钮的玻璃保护是否符合要求（操作人员通过使燃油输送泵跳闸来停止 EDG；但他们遇到了打破该泵停止按钮的保护玻璃的困难，操作人员怀疑玻璃是否符合要求）。

案例 2：法国某核电厂 EDG 手动停运

2002 年 12 月 10 日，法国某核电厂机组大修期间，进行 EDG 100% 负载定期试验。EDG 发出异响，操作员手动停运 EDG。检查发现残留的密封材料堵塞了气缸的润滑油管，活塞损坏。在之前 EDG30% 负载定期试验时未发现该问题。

事件原因：在之前维修活动中，管道法兰上的密封材料使用不当。

实际后果：一个气缸活塞损坏，一台 EDG 更换。核电厂机组的另一台 EDG 未受到影响。

纠正措施：

- 制造商确认，该密封材料禁止在配有适配密封件的 EDG 上使用；
- 完善程序，并要求严格遵守程序。

8.2.2　柴油机压空启动子系统

案例 3：美国核电厂空气启动系统管道不满足抗震要求

1991 年 1 月 29 日，美国某核电厂 100% 功率运行期间，发现 EDG 21 空气启动系统中的一小部分非安全相关管道不符合抗震要求。该 0.25 in 管道如果发生破裂将造成安全相关的 EDG 空气启动集管内的气体泄漏，导致三个 EDG 都可能无法启动。

事件原因：EDG 空气启动系统的设计错误。

纠正措施：宣布 EDG 不可用，进入运行技术规范的 LCO 条款隔离管道采取临时措施，恢复 EDG 的可用，制定实施修改方案对非抗震管道进行处理。

经验反馈：应特别注意空气启动系统的非安全相关管道的抗震鉴定。由于空气启动管道不满足抗震要求可能会导致地震情况下 EDG 无法运行。特别是多个 EDG 的空气启动集管，会引发涉及 EDG 共因失效。

8.2.3　柴油机冷却系统

案例 4：美国某核电厂因冷却剂泄漏导致 EDG 无法运行

2011 年 8 月 23 日，美国某核电厂 1 号和 2 号机组处于模式 3，弗吉尼亚州中部发生地震，2 号机组失去厂外电，2 号机组"H"和"J"EDG 投运。49 min 后，"H"EDG 因冷却系统发生泄漏导致手动停运。

事件原因：2H EDG 手动停运的直接原因是密封垫故障导致冷却液泄漏。冷却液泄漏的原因是密封垫安装程序不完善。程序没有对如何正确安装排气管和冷却液进口旁通管接头之间的密封垫体提供详细说明。具体而言，程序缺乏关于黏合剂固化时间的说明，以及关于如何在不影响垫圈的情况下拧紧调节紧固件的详细信息。分析认为，振动、热增长和压力等因素叠加使得密封垫上的夹紧力不足导致密封垫失效。

安全影响：地震发生后，1 号机组"H"和"J"EDG 以及 2 号机组"J"EDG 在 2 号机组"H"EDG 手动停运后保持运行。备用交流柴油发电机接入，为"H"应急母线通电。因此，此次事件没有造成任何安全后果。

纠正措施：排查四台柴油机上所有排气管垫圈。完善程序，确保密封垫正确安装。

8.2.4　柴油机润滑油系统

案例 5：美国某核电厂应急柴油发电机不可运行

1991 年 3 月 7 日，美国某核电厂处于冷停堆状态，EDG 因润滑油压力低自动停运。

事件原因：该事件的根本原因是 EDG 间的室内环境温度较低。这导致润滑油黏度增加，从而降低了通过油管的正常流速。正常润滑油流速降低导致润滑油泵排放压力低。

纠正措施：已实施电厂程序修订，以确保润滑油温度不会降至 EDG 可用性可能受到影响的水平。电厂设备操作员需要记录每个班次的柴油润滑油管温度。在 75℉ 的润滑油管温度下，将使用临时加热器。润滑油管温度持续降低至 70℉ 将要求 EDG 按照电厂程序启动和运行。EDG 投运将为整个发动机润滑油系统提供温度平衡。供应商将在完成正常厂房供暖系统改造后，评估 EDG 厂房的实际供暖需求。他们预计，在正常电厂加热系统投入使用的情况下，EDG 厂房温将保持在可接受的范围内。

经验反馈：应特别注意环境温度对柴油发动机润滑油黏度以及最终润滑油压力的影响。低润滑油压力警报可能通过自动跳闸导致 EDG 不可用。应识别外部润滑油管道的区域（如主润滑油过滤器、主润滑油滤网、相关的互连管道、润滑油压力开关的传感管线）。应记录润滑油管道的温度。在这方面，供应商应评估 EDG 间的实际供暖需求，根据结果制定不同的应对方案（如放置不同的临时区域加热器）。

8.2.5　电气故障

案例 6：美国某核电厂电压调节器故障导致反应堆停堆

2005 年 8 月 12 日，美国某核电厂 1 号机组处于模式 1，运行功率为 94%。由于 EDG "B" 在执行每月例行监督试验期间未能保持稳定的输出电压，主控室操纵员开始按照 LCO 3.8.1 条款实施停堆。

事件原因：无法在 LCO 3.8.1 条款 "B" 要求的 72 h 完成时间内将 EDG "B" 恢复到可运行状态。EDG "B" 电压异常的根本原因是自动电压调节器（AVR）故障。AVR 制造商为 NEI Peebles/Portec。

纠正措施：2005 年 8 月 12 日，反应堆手动停堆。更换 EDG "B" 上的 AVR，并通过验证。2005 年 8 月 14 日，EDG "B" 恢复到可运行状态。

8.2.6　维护

案例 7：法国某核电厂 EDG 燃油流量限制器调整偏差

法国某核电厂在 30% 负载定期试验中，由于燃油流量限制器偏差导致 EDG 启动超时。该事件具有重大安全意义。流量限制器不会随着时间推移而漂移，调整出现偏差的原因是限流器螺母松动。这是由于 EDG 维护过程中的人为错误造成的。

事件原因：在安装燃料流量限制器时，螺母错误拧紧（制造商文件中未规定拧紧扭矩），以及缺少垫圈。

该事件的后果是 EDG 可能不可用，导致紧急情况下 EDG 不能实现安全功能。

事故管理：正确调整燃油流量限制器，并通过 EDG 30% 负载试验进行验证。

8.2.7　人因

案例 8：美国某核电厂由于人因失误导致 EDG 短时不可用

美国某核电厂主控室误触发 EDG 停运按钮。经查，事件期间，EDG 控制区域在做清洁。

后果：EDG 在几分钟内不可用。

事件原因：EDG 控制盘的清洁人员误碰按钮导致了该事件。

已对清洁人员进行了进一步指导，并对 EDG 控制盘台按钮的标签进行了优化。

2002 年 1 月 6 日美国发生类似事件，大约 17 时 30 分，在对 EDG 计划维护活动之前对标定操作进行独立验证时，一名进行验证的人员误碰 EDG 的停运按钮。这种情况导致 EDG 不可用。该人员立即意识到错误，将 EDG 恢复到可运行状态。控制室工作人员在收到"柴油发电机故障"警报启动后立即意识到这种情况。EDG 停运按钮复位，警报解除，EDG 在不到 5 min 的时间内恢复到可运行状态。

案例 9：法国某核电厂由于人因错误，同一核电厂机组上的两台 EDG 不可用

EDG 厂房配备有通风口，允许外部空气进入，用于柴油发动机的运行（燃烧空气）和 EDG 房间的冷却。在温度非常低的情况下，这些开口必须处于 80% 的打开状态。当出现最冷温度警报时，操纵员已完全关闭两台 EDG 的开口，使其不可用。另外，发现通风口没有配备位置指示器。

事件原因：人因错误（操纵员不清楚 EDG 操作中开口关闭的后果）。

安全影响：如果需要投入 EDG，同一核电厂机组上两台 EDG 不可用。

8.2.8　外部事件

案例 10：法国某核电厂两台 EDG 存在地震条件下潜在运行失效风险

法国某核电厂在反应堆停堆期间，检查发现同一核电厂机组两台 EDG 的空气冷却器上的锚定螺钉断裂和松动。运行期间由于振动可能会引起空气冷却器的所有螺钉损坏，而导致两个 EDG 不可用，特别是在地震的工况下。然而，之前在 30% 和 100% 功率下进行的定期试验未发现任何故障，这导致运营商认为 EDG 可用。螺钉的安装可以追溯到 EDG 安装期间。螺钉断裂和松动是由发动机运行过程中的振动引起的。没有对这些螺钉进行预防性维护。

事件原因：设计缺陷（螺丝锁紧装置不合适）、安装故障（拧紧不充分）。

潜在影响：地震时需要投运 EDG，几个 NPP 机组的一台或两台 EDG 损坏不可用。

纠正措施：对所有受影响的 EDG 开展排查，检查所有空气冷却器上的螺钉，并根据规范更换所有螺钉。

8.2.9　轴承共模故障

连杆大端轴承由两个半环形部件组成，以缓冲连杆大端与发动机曲轴销之间的摩擦；它们是涂有铜和铅合金抗摩擦涂层的薄钢轴承。这些零件必须定期更换。它们的磨损可能会导致卡涩，从而使柴油发动机无法使用。

2008 年 7 月，法国奇农 B 核电站 4 号机组 LHQ 应急发电机组柴油机发生故障。发动机因连杆大端轴承快速退化而卡住，导致 EDG 更换。由于同样的原因 WÉRTSILÉ 同一型号 EDG 发生了另外三次故障：2008 年在法国的 MELOX 核电站，2009 年在中国的大亚湾核电站和德国的 Brunsbüttel 核电站。法国电力公司专家评估表明，轴承的快速退化原因是某些地方抗摩擦涂层过厚不符合规定要求，这可能导致轴承的局部熔化和退化。

连杆轴承的位置如图 8-5 所示。

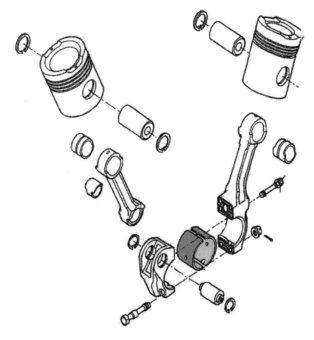

图 8-5　连杆轴承的位置

8.3　巴基斯坦 6 台核电机组柴油发电机组的经验反馈

8.3.1　恰希玛 1~4 号机组柴油发电机组运行情况概述

恰希玛核电站 4 座 CNP300 型核电站中每单元机组配置有 2 台应急柴油发电机组（EEG），2 台辅助给水泵用柴油发电机组（SAF），此外 C-1 机组和 C-2 机组单独各配置有 1 台 AAC 电源柴油发电机组，C-3 机组和 C-4 机组因为同期建设，设计上共享 1 台 AAC 电源柴油发电机组。

C-1 机组应急柴油发电机组的柴油机本体均由德国 MTU 公司生产；C-2/C-3/C-4 机组中，6 台 EEG 的柴油机本体均由法国 MAN 公司生产，由西安陕柴重工核应急装备有限公司组装配套供货；6 台 SAF 辅助给水泵用柴油发电机的柴油机本体均由河南柴油机厂生产，由中船重工第七〇三研究所组装配套供货；2 台 AAC 电源的柴油机本体均由戚墅堰柴油机厂生产，由中船重工第七〇三研究所组装配套供货。表 8-2 为恰希玛核电站所有柴油发电机组概况。

恰希玛核电站 4 台机组自 C-1 机组投入商业运行以来的 24 年中，因巴基斯坦电网不稳定，曾数十次发生失去全部厂外电源的情况，4 台单元机组的各柴油发电机组都能按照设计预期正常响应，投入运行，经受住了考验。在每个月的定期试验中，各柴油发电机也均能按定期试验规程要求完成试验考核，鲜有退出热备用的情况发生，4 台单元机组在近 3 年来的 WANO 指标中，反映应急柴油发电机和辅助给水系统可靠性的特征指标 SP2 和 SP5 均为满分。

根据巴方技术人员反馈，C-3 一台柴油机调速器存在"看门狗"软件故障，系统升级后故障消除。我国部分核电机组应急柴油发电机也曾出现调速器"看门狗"软件故障，如 2018 年我国某核电厂低负荷试验时柴油机频率和转速超验收准则，检查发现速度柜 1LHQ920AR 中两个继电器 170XR/171XR 处于动作状态即出现了"看门狗"故障，导致电子调速器的输出切除，电子调速器退出运行。此外，我国另一核电厂也曾通过监督发现电子调速器的"看门狗"故障，随后开展了国产化电调配机试验，2024 年实现首台国产化电调正式安装验证。

表 8-2　恰希玛核电站所有柴油发电机组概况

核电机组	设备名称	设备数量	机组功率	电压等级	合同方	安全等级	柴油机	发电机
C-1	应急柴油发电机组（EEG）	2	3 400 kW	6.3 kV	法国 HE 公司	1E	MTU12V956TB33	LEROY SOMER：HV002HV002
	AAC 电源柴油发电机组（EAG）	1	3 400 kW	6.3 kV	法国 HE 公司	N1E	MTU12V956TB33	LEROY SOMER：HV002HV002
	辅助给水泵用柴油发电机组（SAF）	2	440 kW	400 V	无锡电机厂	1E	MTU6V396TC34	LEROY SOMER：LSA 49.1M6
C-2	应急柴油发电机组（EEG）	2	3 400 kW	6.3 kV	西安陕柴重工核应急装备有限公司	1E	MAN12PA6B	LEROY SOMER
	辅助给水泵用柴油发电机组（SAF）	2	500 kW	380 V	中船重工第七〇三研究所无锡分部	1E	河南柴油机厂：TBD604BL6	中船现代：ZFC6 354-44E-R
	AAC 电源柴油发电机组（EAG）	1	3 000 kW	6.3 kV	中船重工第七〇三研究所无锡分部	N1E	感誉堰：16V280ZLD	中船现代：ZFC7 505-64E
C-3	应急柴油发电机组（EEG）	2	3 400 kW	6.3 kV	西安陕柴重工核应急装备有限公司	1E	MAN12PA6B	上电 3700HDF1360023
	辅助给水泵用柴油发电机组（SAF）	2	500 kW	380 V	中船重工第七〇三研究所无锡分部	1E	河南柴油机厂：TBD604BL6	中船现代：ZFC6 354-44E-R
C-4	应急柴油发电机组（EEG）	2	3 400 kW	6.3 kV	西安陕柴重工核应急装备有限公司	1E	MAN12PA6B	上电 3700HDF1360023
	辅助给水泵用柴油发电机组（SAF）	2	500 kW	380 V	中船重工第七〇三研究所无锡分部	1E	河南柴油机厂：TBD604BL6	中船现代：ZFC6 354-44E-R
C-3/C-4	AAC 电源柴油发电机组（AAC）	1	3 000 kW	6.3 kV	中船重工第七〇三研究所无锡分部	N1E	感誉堰：16V280ZLD	中船现代：ZFC7 505-64E

8.3.2　卡拉奇 K-2/K-3 机组柴油发电机组运行情况概述

卡拉奇核电站 2 台 HPR1000 型核电机组中每单元机组配置有 2 台应急柴油发电机（EDG）、2 台 SBO 电源柴油发电机（SBO），此外 2 台机组共享配置有 1 台厂区附加电源柴油发电机（DG）、1 台 BOP 应急柴油发电机（SB）和 2 台 BOP 应急柴油发电机（BE）。

K-2/K-3 项目共 12 台柴油发电机均由中船重工第七○三研究所成套供货，其中 4 台应急柴油发电机和 1 台厂区附加电源柴油发电机的柴油机本体均由韩国现代重工生产；4 台 SBO 柴油发电机和 3 台 BOP 应急柴油发电机的柴油机本体均由无锡开普生产（KIPOR）。表 8-3 所示为卡拉奇核电站所有柴油发电机组概况。

12 台柴油发电机组在安装后均顺利完成了性能试验，4 台应急柴油发电机（EDG）在 K-2 和 K-3 机组过去的三次大修中也都顺利通过了 24 h 续航试验，机组运行期间，12 台柴油发电机的各定期试验均能按试验规程要求完成，并一直处于热备用状态；在商业运行后的 3 年中，2 台机组反映应急柴油发电机可靠性的 WANO 特征指标 SP2 均为满分；2023 年 1 月 23 日，在因外电网波动导致 K-2 机组和 K-3 机组同时失去全部厂外电源的工况下，两台机组的各柴油发电机均顺利启动，连续带载运行 20 多小时无异常，经受住了考验。

表 8-3　卡拉奇核电站所有柴油发电机组概况

核电机组	设备名称	设备数量	机组功率	电压等级	合同方	安全等级	柴油机	发电机
K-2	应急柴油发电机组（EDG）	2	8 300 kW	6.6 kV	中船重工第七〇三研究所无锡分部	1E	Hyundai: 20H32/40V	Hyundai: HAR7 187-8
	SBO 电源柴油发电机组（SBO）	2	800 kW	400 V/230 V	中船重工第七〇三研究所无锡分部	N1E，有抗震要求	KIPOR: KD12V17ZLA-11	中船现代: ZFC6 506-44E
K-3	应急柴油发电机组（EDG）	2	8 300 kW	6.6 kV	中船重工第七〇三研究所无锡分部	1E	Hyundai: 20H32/40V	Hyundai: HAR7 187-8
	SBO 电源柴油发电机组（SBO）	2	800 kW	400 V/230 V	中船重工第七〇三研究所无锡分部	N1E，有抗震要求	KIPOR: KD12V17ZLA-11	中船现代: ZFC6 506-44E
	厂区附加电源柴油发电机组（DG）	1	8 300 kW	6.6 kV	中船重工第七〇三研究所无锡分部	N1E	Hyundai: 20H32/40V	Hyundai: HAR7 187-8
K-2/K-3	BOP 应急柴油发电机组（SB）	1	500 kW	400 V	中船重工第七〇三研究所无锡分部	N1E	KIPOR: KD6146ZL	KIPOR: KFS650NU
	BOP 应急柴油发电机组（BE）	2	450 kW	400 V	中船重工第七〇三研究所无锡分部	N1E	KIPOR: KD6146ZL	KIPOR: KFS650NU

第 9 章

国内应急柴油发电机组相关改造的经验反馈

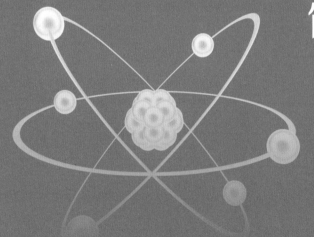

9.1　某核电厂新增应急柴油发电机组

9.1.1　修改原因

某核电基地 6 台机组每机组各配置 2 台应急柴油发电机组，其中，一期和二期项目机组的应急柴油机型号为 UD45，三期项目机组的应急柴油机型号为 20V956TB33。该核电基地柴油机面临的主要问题如下：

1）三期项目的 4 台应急柴油机在役一定年限后需返厂翻新，每台应急柴油机返厂翻新工期较长。目前的第五台柴油发电机组可顶替时间有限，三期项目在应急柴油机返厂翻新时将无法正常运行。

2）一期和二期项目 UD45 型柴油机整体可靠性随着运行年限的增加逐步降低，存在应急柴油机故障短期内无法修复的风险，且未来 UD45 柴油机可能有整体改进需求。

为提高该核电基地应急电源的可靠性，满足三期项目柴油机返厂检修需求，同时满足一期、二期项目 UD45 柴油机可能的整体改进需求，该核电基地在一期、二期、三期分别新建 1 台应急柴油发电机组，共增加 3 台应急柴油发电机组。

9.1.2　修改方案

该核电基地一期、二期、三期分别新建 1 台应急柴油发电机组，具体包括新增应急柴油发电机组厂房及相关系统、电缆沟、电厂接口侧改进等三大部分内容。

9.1.3　经验反馈

运行机组的部分类型应急柴油机（如 MTU956）在役一定年限后需返厂检修，工期较长，会导致正常应急柴油发电机出现长时间的退出；部分应急柴油机整体可靠性随着运行年限的增加逐步降低，存在应急柴油机故障短期内无法修复的风险，且未来可能需要整体改进，也可能会导致正常应急柴油机出现长时间的退出。对于每台机组配置 2 台应急柴油机的核电厂，应急柴油发电机冗余度无法应对该情况，而附加柴油发电机因厂房基础或电缆廊道或辅助系统的设计无法满足抗震要求，每年可顶替现有应急柴油机时间有限（14 d），无法实现对应急柴油发电机的长期顶替。即使附加柴油发电机升级为正常应急柴油机同标准，附加柴油机也无法长期替代应急柴油发电机，因为长期替代后，无附加柴油发电机应对 SBO，不满足 HAF 102 中 "6.6.1.4 在同时丧失场外电源和应急动力源的情况下，替代动力源必须能够提供必要的动力，以保证反应堆冷却剂系统的完整性并防止堆芯和乏燃料出现严重损伤" 的要求，不利于保持柴油发电机电源的多样性，降低了应对 SBO 的纵深防御水平。因此，对于每台机组配置 2 台应急柴油发电机的核电厂，可以根据自身需求，参考上述核电基地每期项目新增 1 台应急柴油机，以应对应急柴油发电机在役一定年限后需返厂检修（工期较长）的情况或者应急柴油机故障短期内无法修复的情况。

9.2　某核电厂 3 台应急柴油发电机组进行整体改造

9.2.1　修改原因

某核电厂 3 台应急柴油发电机组已投运 30 余年，受建造时工业水平和技术条件限制，应急柴油发电机组存在诸多先天不足，如机组短时功率能力、超速承受能力、空载扭振、发电机和启动电机 1E 级鉴定、实际环境条件下的持续额定功率、贮存燃油量、润滑油储油量等参数不满足 IEEE 387—1995、RG1.9 等标准的要求：

1）IEEE 387—1995（R2007）要求 EDG 具备每 24 h 能以 110%额定功率运行 2 h 的能力，而该核电厂 EDG 仅能达到 1 h。

2）IEEE 387—1995（R2007）要求 EDG 能承受 25%的超速而不损坏，而该核电厂 EDG 仅能以 15%超速运行。

3）IEEE 387—1995（R2007）要求，在额定空载转速±10%及在额定同步转速±5% 的范围内，不应产生有害的扭振应力。该核电厂 EDG 空载扭振较大，应避免长时间空载。

4）IEEE 387—1995（R2007）要求，具有老化机理的部件（调速器、发电机、电缆、励磁系统、柴油机、启动电机、蓄电池和那些用于防止因泄漏损害机组性能的垫片和密封件等）经受累积老化作用（如辐照、热老化、机械振动老化、电应力等）而不影响安全功能执行。该核电厂 EDG 缺少发电机、启动电机的鉴定材料。

5）IEEE 387—1995（R2007）要求，机组在环境温度范围内都能够输出持续额定功率。该核电厂 EDG 持续额定功率 2 000 kW 基于下列条件：标准大气压、环境温度 20℃。如果按现场实际环境条件（40℃）进行功率修正，机组不能满足持续额定功率 2 000 kW 的运行要求。

6)《核电厂应急柴油发电机组燃油系统设计准则》(NB/T 20449—2017)要求,燃油系统现场有效贮存燃油量应使柴油发电机至少应急运行 7 d,或从外部油源补油而使柴油发电机运行不致中断所要求的时间,取两者较长的时间。该核电厂 07 厂房设有三只燃油罐,总容量可供一台机组运行 7 d。第二台油罐可以手动切换供另两台柴油机的任一台使用,故每台柴油发电机可运行 3.5 d,不满足标准要求。

7)NB/T 20083—2012 要求,现场应急柴油发电机的润滑油储油量应足以支持应急柴油发电机运行至少 7 d。该核电厂每台 EDG 机油消耗率为 5.36 g/(kW·h),储存的机油容量为 1.2 t,经计算,其总容量只可供一台机组运行 4.7 d,不满足标准要求。

8)该核电厂 EDG 容量计算时,未将手动加载负载计入总负载的计算值内。在失水和失电工况下,自动投入的最大负载功率为 1 941.2 kW,而 EDG 持续额定功率为 2 000 kW,不满足 RG1.9 中规定的容量裕度要求(不小于 5%)。

随着机组的老化、腐蚀和磨损,柴油发电机本体及其辅助系统设备故障频发,造成柴油发电机的主要核心部件如气缸、连杆等频繁更换,应急柴油发电机组的故障逐年增多。

随着设备的换代升级,原供货商缺乏备件,相关备品备件难以采购,设备性能下降、服务跟不上的问题逐渐显现。

综上所述,为了保证应急备用电源的可靠性,需要对该核电厂 1 号机组 3 台应急柴油发电机组进行整体改造。

9.2.2　修改方案

对该核电厂应急柴油发电机组进行整体改造,通过改造提升应急电源的可靠性和稳定性,具体方案包括:

1)新建燃油罐贮存厂房,以满足每台应急柴油发电机连续运行 7 d 的要求。

2)3 台柴油机整体改造:利用原有应急柴油发电机厂房,更换 3 台应急柴油发电机组及其辅助系统,包括压空系统、燃油系统、机油系统、冷却水系统和进排气系统。

改造后选用国内应用非常广泛的 PA6B 型应急柴油机组(替代原来 16V240ZDA 型应急柴油机组),与现有柴油发电机相比,参数如表 9-1 所示。

压空系统:每台柴油发电机组压空系统由两套空压单元、两个启动空气瓶、启动电磁阀、启动空气分配器和启动马达等组成。空气压缩机为非安全级,压缩空气瓶为安全3 级。空气压缩机至启动空气瓶入口止回阀的管道及附件为非安全级,启动空气瓶入口止回阀至柴油机之间的管道及附件(除疏水管道及附件外)为安全3 级。

表 9-1　改造前后应急柴油机参数对比

主要参数	改造前	改造后
持续额定功率	2 000 kW	2 800 kW
短时功率	2 200 kW	3 080 kW
柴油机机型	16V240ZDA	12PA6B
柴油机厂家	大连机车	陕柴公司
启动方式	直流电机启动	压缩空气启动
燃油系统满功率运行天数	3.5 d	7 d
润滑油系统满功率运行天数	4.7 d	7 d
消音器设置	无	新增消音器

燃油系统：改造中对燃油系统中所有的燃油泵及过滤器进行更换，即拆除原有的设备，新增 4 台燃油输送泵、2 个燃油过滤器、3 台燃油增压泵。燃油输送泵连接燃油贮存罐和日用油箱，构成一个燃油回路。

机油系统：厂房内现有的机油系统设备可全部拆除。每台柴油机自带一台机带润滑油泵和两台互为备用的润滑油预供泵，分两路供油。

冷却水系统：该系统由两个独立的冷却回路构成，其中一个回路冷却柴油机机身、缸套、缸盖区域和涡轮增压器第一级空冷器（高温水回路），另外一个回路冷却涡轮增压器第二级空冷器和低温水/润滑油换热器（低温水回路）。

进排气系统：配置单独的进气、排气系统。柴油发电机间进风百叶的面积应保证柴油机以 110%额定持续功率运行时的进气量。排气系统所有部件均为耐高温钢材质，每台柴油机的两根排气管接入一个总的排气消声器。

3）建筑修改方案：对原 07 号应急柴油机厂房进行改造，不改变原厂房的结构形式、耐火等级、防火分区、疏散设计。

4）主控室修改方案：控制盘 CB-532 上三台应急柴油发电机各增加一只"自动启动信号选择开关"；2 号应急柴油发电机增加一只"2 号 EDG 投入 A 通道指示灯"、一只"2 号 EDG 投入 B 通道指示灯"。

5）电气修改方案：07 号厂房低压配电设计保持原有架构不变，厂房内设置三套低压开关柜组，每套对应一台应急柴油发电机，为机组辅助设备及厂房用电负荷供电。

6）火灾探测及报警系统设计方案：原 07 号厂房已设置火灾探测及报警系统，火灾探测及报警系统根据新的布置及要求调整设置火灾探测器等设备，以满足使用需求。

7）暖通修改方案：应急柴油机房通风系统主要为：1 号柴油机房通风系统 P7-1-A～B，2 号柴油机房通风系统 P7-2-A～B，3 号柴油机房通风系统 P7-3-A～B。这三个系统是在对应的应急柴油机投入运行时，排出柴油发电机组散发在室内的热量，保证室内温度小于 50℃。柴油机不运行时，原设计的三个排风系统 P7-7、P7-8、P7-9 更换为更大风量的排风机。由于蓄电池间与电气间合并为新的电气间，取消原蓄电池间的排风机 P7-4、P7-5、P7-6，三个新电气间分别设置柜式分体空调 IU/OU-01、IU/OU-02、IU/OU-03。日用油箱间分别设置一台防爆排风机 P7-4、P7-5、P7-6。

9.2.3　经验反馈

对于建设较早的核电机组，若其应急柴油发电机无法满足标准规范的要求，建议进行整体改造，以提升应急电源的可靠性和稳定性，满足现行标准规范对核电厂应急柴油发电机组执行安全功能及可靠性等方面的要求。

9.3　某核电厂柴油机风冷器加固及风机设计改进

9.3.1　修改原因

某核电厂 1 号机组应急柴油发电机组（1LHP）在第一次换料大修风冷器叶片检查时发现，1LHP213ZV/212ZV 风机轮毂存在裂纹（图 9-1），其裂纹的原因为焊趾应力集中区及焊缝组织结构变化的热影响区发生了脆性断裂。厂家分析认为轮毂裂纹不会瞬间突然断裂，导致叶片飞出，对现场检查发现有裂纹的轮毂则进行更换。

图 9-1　某核电厂 1LHP 风冷器风机轮毂裂纹

其他机组类似问题：2014 年 2 月 18 日，某核电厂 3LHQ 柴油机进行 TP54 试验，3LHQ213/216ZV 叶片断裂（图 9-2）。其断裂根本原因为叶柄材料不合格，材质脆性大，抗裂纹扩展能力差。某核电厂 1LHQ211ZV/212ZV/216ZV 风机轮毂和轴套连接螺栓断裂（图 9-3），根本原因为风机振动频率与整体框架固有频率重合，产生共振。共振导致轮盘振动偏高，加上叶片的放大作用，产生的剪切力导致螺栓发生疲劳断裂。对现场的风机风筒进行临时加固调整基础刚度。

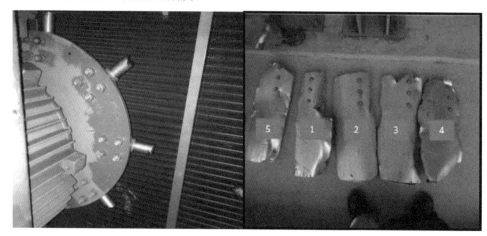

图 9-2　某核电厂 3LHQ 风冷器风机叶片断裂

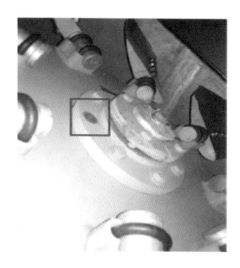
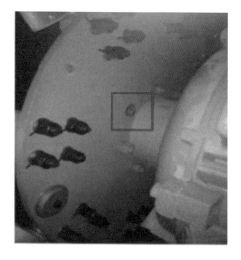

图 9-3　某核电厂应急柴油发电机 1LHQ211ZV/212ZV/216ZV 风机轮毂和轴套连接螺栓断裂

9.3.2　修改方案

为解决此类问题，工程公司统一要求厂家进行整改，厂家针对叶片断裂、轮毂裂纹及风机振动高的问题形成整改方案，修改主要内容如下：①将该核电目前分体式轮毂叶轮风机更换成整体式叶轮（修改轮毂结构），材质由 Q235B 更换为 40Cr（改进叶柄材质）。②更换新批次柴油机风冷器风机叶片，加工工艺改进，材料进行调质处理；叶柄和叶片一起钻孔，改成分开钻孔后再进行装配，减小了偏心度；叶柄与叶片连接孔由 3 个变为 4 个，连接强度加强，对叶片两头的塑料封板改为铝片，增加使用寿命。③对风冷器增加支架进行加固。

9.3.3　经验反馈

某核电厂 1 号、2 号机组应急柴油机型号为 18PA6B（陕柴/MAN），某核电厂 3 号机组应急柴油机型号为 18PA6B（陕柴/MAN），某核电厂 1 号机组应急柴油机型号为 18PA6B（陕柴/MAN），陕柴生产的此类型应急柴油机风冷器的轮毂结构和加工工艺不合理，叶柄材质不合格，风机基础刚度不够。厂家针对各个基地出现的问题，针对风冷器的改进方案为修改轮毂结构、改进叶柄材质及加工工艺和加固风机结构。

9.4　某核电厂柴油机厂房防低温改进

9.4.1　修改原因

2016 年 1 月 25 日，受天气因素影响，南方某核电厂厂区大气温度降低，导致 1 号、2 号机组柴油机厂房（1DA、2DB）大厅温度低于 5℃，不满足运行技术规范关于柴油发电机厂房大厅温度不得低于 5℃的设备可用性要求。原因为：原设计对冬季冷风渗透量估计不足，暖风机功率偏小，不足以保证厂房冬季温度。

9.4.2　修改方案

为解决该问题，参考北方某核电厂现场设计方案，对 1 号、2 号机组柴油机厂房通风系统主风机出口增加止回阀，减少冷风渗透量，改善柴油机厂房温度。

9.4.3   经验反馈

核电厂厂址极端最低气温低于设计基准温度（如该核电厂核岛厂房冬季设计基准温度为 0.3℃，而厂址极端最低气温为−5.2℃），若对冬季冷风渗透量估计不足，暖风机加热量偏小，将会导致极端温度条件下柴油机厂房温度低于 5℃，从而可能导致柴油机不可用。在本书 7.3.2.4 节介绍的应急柴油发电机润滑油系统故障事件中，由于 EDG 间的室内环境温度较低，导致润滑油黏度增加，从而降低了通过油管的正常流速，润滑油流速降低导致更高的主润滑油泵排放压力，进而导致 EDG 在润滑油压力低自动跳闸，EDG 被宣布为不可用。

2021 年 2 月 15 日某核电厂执行 PT2LHQ003 LHQ 柴油发电机组试验期间，由于试验期间气温较低，润滑油黏度较高。此外，机载润滑油泵本身性能略有下降，导致吸油失败，进而导致 LHQ 不可用。

核电厂设计时需要考虑到柴油机厂房内温度无法保持 5℃的工况，在主风机出口设置止回阀，减少柴油机厂房排风口冷风渗透量，改善柴油机厂房温度，降低极端温度条件下厂房温度低于 5℃的风险。

9.5   某核电厂 1 号机组柴油机厂房检修大门改进

9.5.1   修改原因

某核电厂 1 号机组 1DA、1DB 柴油机厂房检修大门的尺寸不满足柴油机故障维修时整体更换条件，该核电厂 1 号机组 1DA、1DB 柴油机设备在工程建设阶段是由 3.6 m（宽）×5.0 m（高）的二次浇筑区洞口引入，设备引入后此洞口封堵，预留 1.2 m（宽）×2.4 m（高）（厂房检修大门原设计尺寸）检修大门洞口，而柴油机厂房内柴油机外形尺寸 2.8（宽）×3.991 m（高），即柴油机厂房内柴油机外形尺寸大于预留检修大门的尺寸，柴油机故障维修时整体更换无法通过已有检修大门，为提高应急柴油机故障维修时设备维修更换的可靠性，需要通过改进增加预留检修大门尺寸满足柴油机整体运输需要。某核电厂 0 号、1 号、2 号机组，某核电厂 3 号、4 号机组，某核电厂 1 号、2 号机组等的柴油机厂房检修大门也曾存在类似问题。

9.5.2　修改方案

该核电厂 1 号机组 1DA、1DB 柴油机厂房检修大门的门洞由 1.2 m（宽）×2.4 m（高）改进成 3.6 m（宽）×4.8 m（高）。

改进实施过程中搭设内防护棚将柴油机运行区域与施工作业区域隔离，内防护棚为全封闭式，保证不影响柴油机发电机的正常运行。改进施工内容包括：拆除旧边界门和原防飞射物门；拆除墙体；更换新边界门和新防飞射物门；根据设计对新门洞设置暗梁、暗柱构造加固。

主要施工工艺流程如下：确定门体拆除范围内机电仪设备已拆除移位→施工准备→定位放线→搭设厂房内防护棚→搭设室外防护棚→拆除原门体→切除大门范围内的混凝土墙体→凿除大门暗柱、暗梁范围内的混凝土→钢筋绑扎→模板安装→混凝土浇筑→混凝土养护→边界门及防飞射物门安装→整体验收→拆除室内围挡→拆除室外围挡→工完场清。

9.5.3　经验反馈

多个运行核电厂存在柴油机厂房检修大门的尺寸不满足柴油机故障维修时整体更换条件的问题，即柴油机厂房内柴油机外形尺寸大于预留检修大门的尺寸，这是设计不合理导致的，后续新建核电机组应吸取该经验教训。此外，将柴油机厂房检修大门的门洞进行扩大修改时，需着重关注修改实施过程中的风险，需论证说明修改过程中的临时防护措施可以充分替代修改前的柴油机混凝土厂房、防火门及防飞射物门的设计功能，即论证说明修改过程中的临时防护措施可以满足防飞射物和防龙卷风等低概率事件能力的功能。

9.6　针对法国部分核电厂应急柴油机组抗震性能不足经验反馈的排查与修改

9.6.1　排查与修改原因

2019 年 5 月 14 日，法国核安全局（ASN）发布 Civaux、Gravelines 和 Paluel 核电厂应急柴油发电机组管道抗震能力不足的 INES 2 级运行事件。在地震情况下，上述核电厂应急柴油发电机组的管道可能存在与构筑物结构接触导致管道损坏的风险。这种损坏可能导致管道破裂，并引发应急柴油发电机组故障。即因柴油机安装在弹性减震元件上，在地震发生时，柴油机与周围固定部位间会产生相对运动，可能造成管道与设备碰撞变形、断裂，导致流量不足或异常泄漏，影响应急柴油机的安全（图9-4）。

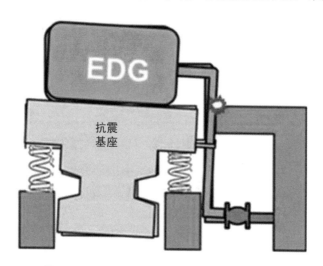

图 9-4   EDG 部分管道与周围构筑物距离过近

2020 年 2 月 13 日，ASN 官网再次发布涉及多个核电厂应急柴油发电机抗震性能问题的 INES 2 级运行事件。由于应急柴油发电机组相关设备存在缺陷，如管道弹性联轴器的安装不正确、部分管道或其支撑件腐蚀、电气柜中存在连接故障等，导致多台应急柴油发电机组不满足抗震性能要求。

国家核安全局经验反馈工作人员收到上述问题线索后立即组织跟踪研判，并印发《关于法国部分核电厂应急柴油发电机组抗震性能不足问题经验反馈的函》（国核安函〔2020〕59 号），要求国内各核电厂进行排查与反馈。排查行动主要包括：

1）排查与柴油发电机相连的软管和刚性管道与固定支撑结构（或构筑物）之间的距离，是否在地震情况对应急柴油发电机执行其安全功能的能力产生不利影响。

2）排查柴油发电机弹性膨胀节是否存在位移、与管道连接的法兰安装是否正确。排查柴油发电机低温和高温水管等是否存在因腐蚀产生的减薄缺陷。

3）排查柴油发电机是否使用了 Faston 端子（快接端子），以及其连接是否可靠。

9.6.2 排查结果与修改预案

（1）中广核集团各核电厂排查结果与修改预案

1）EDG 管道在地震下可能与支撑结构（或构筑物）碰触损坏：中广核集团核电厂普遍存在与应急柴油发电机相连的软管和刚性管道与固定支撑结构（或构筑物）之间的距离过近的问题，在地震情况对应急柴油发电机执行其安全功能的能力产生不利影响。主要表现在：管线与构筑物或周围设备距离过近（如管道与转速齿轮壳体间隙不足），电缆槽架两端或管道跨越抗震边界固定，柴油机端部与地板间隙过小，自由端冷却水管线、法兰及结构之间距离偏小，燃油回油管的距离偏小，管线固定部件与移动部件未分开。制定纠正行动包括：管道移位，增加软管，更改支架固定位置，解除跨抗震边界固定的机体上的固定点、解除电缆桥架轴向位移限制等。

2）不存在 EDG 锚固问题导致抗震性能不足：中广核集团 EDG 的设备支撑结构和锚固件均有完整的设计图纸，螺栓强度力学校核计算结果合格，核查未发现安装异常记录。

3）不存在 EDG 膨胀水箱腐蚀导致其抗震性能不足：中广核集团所有 EDG 膨胀水箱均无保温设计，未发现腐蚀异常。

4）EDG 挠性膨胀节组件不存在缺陷：排查中广核集团 EDG 弹性膨胀节预防性维修大纲，要求每 1c 检查膨胀节外观，每 3c/5c 更换高温水与润滑油系统膨胀节，每 5c 更换低温水系统膨胀节，均满足柴油机厂家及膨胀节厂家标准要求。中广核部分机组商运后曾发现部分橡胶膨胀节存在安装间距及角度偏差超标情况，目前已完成全部安装偏差消缺工作，不存在安装问题带来的抗震不足问题。现场检查 EDG 所有膨胀节状态，未发现膨胀节型号不合适、维修验收标准不足等问题。

5）不存在管道和支架腐蚀导致抗震不足的问题：中广核集团各核电厂 EDG 除厂房外部的部分排烟管道外，其余管道和设备均位于厂房内部，所处环境条件较好，与 EDF 核电厂 EDG 设计不完全相同，腐蚀问题不突出。核电厂日常巡检对 EDG 管道及支架状态进行目视检查，巡检内容包括锈蚀检查，至今未发现管道与支架严重腐蚀问题。目前，中广核集团各核电厂 EDG 系统上不存在管道支架锈蚀导致的抗震不足问题。

6）EDG 电气柜中端子连接不存在缺陷：中广核集团除某个核电厂外其他核电厂应急柴油机均采用压接端子和弹簧端子，未使用 Faston 快接端子。应急柴油机系统中采用快速接头端子，存在类似插针结构，但是母头设计不同，不存在插针未对中插入情况。

应急柴油机电气仪控设备定期预防性检修时，维修程序中均要求对接线端子进行检查，确认接线端子无异常。某个核电厂 0/1/2 号机组控制柜内使用了 Faston 快接端子，但控制柜做过整体抗震，快接端子的安装方式满足抗震要求。为了防止快接端子安装不到位的问题，当前电厂采取的管控措施为每次大修期间对快接端子的紧固性进行检查，同时对整个回路的阻值进行测量，当前管控效果良好。

中广核集团各核电厂 EDG 抗震距离问题排查结果见图 9-5。

MTU：冷却管路贴近转速齿轮罩壳　　MTU：冷却水管路、法兰贴近　　PA：管路跨隔震边界固定

UD45：主冷却水管贴近承重钢梁　　PC：管路、桥架贴紧钢格栅　　PC：抗震基座与土建基础端部间隙存在坚固异物

图 9-5　中广核集团各核电厂 EDG 抗震距离问题排查结果

（2）中核集团各核电厂排查结果与修改预案

1）EDG 管道在地震下可能与支撑结构（或构筑物）碰触损坏：中核集团部分核电厂存在与应急柴油发电机相连的软管和刚性管道与固定支撑结构（或构筑物）之间的距离过近的问题，主要表现在：管线与周围设备或支架（构筑物）距离过近（如低温水管道与高温水温控阀的法兰距离过近、部分软管安装间距不当、柴油机 L-281-15 管线与公共底座上安装的 103SP 压力传感器及其安装板距离过近、电缆管线与应急柴油机底

座间距不足）（图 9-6、图 9-7），管线或支架与柴油机本体距离过近（图 9-8），管线与柴油机底座间距不足。制定纠正行动包括：调整 EDG 管线与固定支撑结构或其他设备的间距至合适距离，更换距离过近的管道，碰撞风险处增加橡胶软垫等。

图 9-6　中核集团某核电厂 1～4 号机组应急柴油机低温水管道与高温水温控阀法兰距离过近

图 9-7　中核集团某核电厂 1LHP 柴油机 L-281-15 管线与 103SP 位置关系

图 9-8   中核集团某核电厂 5 号机组应急柴油发电机组增压器出口金属膨胀节与高低温水

透气管路 L226、072 及其上支架距离过近

2）两个核电厂应急柴油发电机组部分膨胀节表面存在轻微裂纹，已进行更换：未发现膨胀节安装存在问题，所有膨胀节两侧管道不存在错位问题，两个核电厂 7 台机组部分膨胀节表面存在轻微裂纹，已发起工单进行更换。

3）个别核电厂柴油发电机低温管道存在管道壁厚减薄的情况：中核集团某核电厂 1 号、2 号机组柴油发电机低温管道 3 处弯头存在管道壁厚最小实测值减薄量超过 20% 设计壁厚，参考国家标准，保守考虑，制定了纠正行动跟踪测量，若管道实测壁厚值小于最小允许壁厚值则提工作申请维修更换。其他核电厂未发现高低温水管道内部腐蚀导致减薄的情况，不存在管道和支架腐蚀导致抗震不足的问题。

4）EDG 电气柜中端子连接不存在缺陷：中核集团部分核电厂应急柴油发电机组未使用 Faston 端子，而是使用线缆端子排螺丝紧固的连接方式，其利用端子螺丝进行紧固锁紧，能够较大程度避免地震情况下端子失效松动，未发现端子连接松动的异常情况。部分核电厂应急柴油发电机组使用了 Faston 端子，每年预防性维修项目中包含端子连接可靠性检查，检查未发现问题，端子连接可靠，不存在接线松动的问题。

9.6.3   经验反馈

1）中广核集团核电厂普遍存在与 EDG 相连的软管和刚性管道与固定支撑结构（或构筑物）之间的距离过近的问题，EDG 管道在地震下可能与支撑结构（或构筑物）碰触损坏，主要表现在：管线与构筑物或周围设备距离过近，电缆槽架两端或管线跨抗震边界固定等，可以通过管道移位，更改支架固定位置，解除跨抗震边界固定的机体上的固定点等措施解决上述问题。EDG 挠性膨胀节组件不存在缺陷。不存在管道和支架腐蚀导致抗震不足的问题。EDG 电气柜中端子连接不存在缺陷。

　　2）中核集团部分核电厂存在与 EDG 相连的软管和刚性管道与固定支撑结构（或构筑物）之间的距离过近的问题，主要表现在：管线与周围设备或支架距离过近，管线或支架与柴油机本体距离过近等，可以通过调整 EDG 管线与固定支撑结构或其他设备的间距至合适距离，碰撞风险处增加橡胶软垫等措施解决上述问题。两个核电厂应急柴油发电机组部分膨胀节表面存在轻微裂纹，已进行更换。个别核电厂柴油发电机低温管道存在管道壁厚减薄的情况，已经制定了纠正行动跟踪测量。EDG 电气柜中端子连接不存在缺陷。

第10章

总结与建议

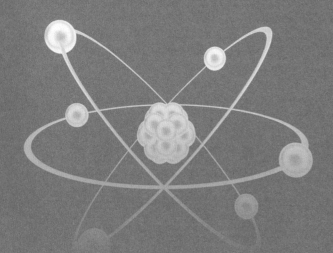

10.1　柴油发电机组的配置及性能结论

10.1.1　柴油发电机组的配置情况

《核动力厂设计安全规定》（HAF 102—2016）要求核动力厂应设有应急动力源，以在任何预计运行事件或设计基准事故下一旦丧失场外电源时提供必要的动力供应。还应设有替代动力源，以在设计扩展工况下提供必要的动力供应。

典型能动核电厂的应急动力源一般由应急柴油发电机组承担，当核电厂失去厂外电源或者触发安注/安喷信号时，应急柴油发电机组能够快速启动并在设计要求时间内达到规定的频率值和电压值，然后根据需要连接到应急母线上，按照事先设定的带载逻辑给相关安全系统设备供电，以确保反应堆的安全功能，避免产生严重后果。我国核电厂应急柴油发电机组普遍采用两列冗余配置，如 M310、CPR1000、CNP 系列、中核"华龙一号"等，广核"华龙一号"、VVER 和 ERP 等核电机组甚至采用三列或四列冗余配置，相关系列均具备向对应的安全系统列提供 100%供电负荷的能力并且满足独立性要求，在事故情况下即便应急动力系统发生单一故障，也仍然能为安全系统提供足够的应急电源，以保证反应堆安全。

此外，能动核电厂一般都设有非安全级的替代交流电源（AAC），在全厂断电工况下提供必要的动力供应。法系核电厂的附加柴油机（LHS）也属于 AAC 的一种，但 LHS 还要作为正常运行工况 EDG 维修不可用时的替代。福岛核事故后，国内部分法系核电厂设置专门的 SBO 柴油发电机组，在全厂断电工况下为安全系统供电，LHS 则不再用于应对 SBO。国内部分核电厂还设置了水压试验泵柴油机（或轴封注水泵柴油机），在全厂断电事故下为主泵轴封密封注入提供动力。

非能动核电厂在设计中大量使用了非能动安全系统，减少了对大容量泵、风机等能动安全设备的依赖，不再配置安全级的应急柴油发电机组。其应急动力源一般由安全级蓄电池承担，能够提供动力开启阀门以投运安全系统执行安全功能，从而应对预计运行事件或设计基准事故。作为纵深防御措施，非能动核电厂配备了非安全级的备用柴油发电机组（SDG）和有关能动系统。用于防止非能动安全系统不必要的投入，也作为非能动安全系统失效的补充。

根据福岛核事故的经验反馈，我国各核电厂均根据《福岛核事故后核电厂改进行动通用技术要求（试行）》，在每个厂址设置了中压移动柴油发电机组和低压移动柴油发电机组，以应对极端情况下全部交流电源丧失的情况。

综上所述，虽然由于设计方案不同，各核电厂柴油机配置也存在差异，但总体来说，我国所有核电厂柴油机配置均能满足《核动力厂设计安全规定》《核动力厂电力系统设计》《福岛核事故后核电厂改进行动通用技术要求（试行）》等要求，柴油机应对事故的能力是足够的，也能够支持机组安全稳定运行。

10.1.2   应急柴油发电机组的可靠性

为保证 EDG 的可靠性，我国参考美国《核电厂备用电源用柴油发电机组标准准则》（IEEE 387—1995）发布了《核电厂备用电源用柴油发电机组准则》（EJ/T 625—2004）和《核电厂应急柴油发电机组设计和试验要求》（NB/T 20485—2018），对 EDG 的初始鉴定试验、现场验收试验、预运行试验和定期试验提出要求，其中定期试验主要包括月度可用性试验（慢启动试验、带载试验）和换料周期系统运行试验（8 h 负载持续性试验、甩设计负荷试验等）。

中广核集团相关核电运行机组以及中核集团 60 万 kW 机组 EDG 的定期试验主要参考法国 RCC 规范开展，未开展负荷持续性运行、热态启动、甩负荷等系统运行试验，难以全面验证 EDG 在事故工况执行其预定安全功能的能力。中核集团其他运行机组参考 NB/T 20485—2018（IEEE 387—1995）开展 EDG 定期试验，能够较为充分地验证 EDG 安全功能，其中个别机组由于运行文件要求和系统设计所限，也存在缺少试验项目或试验无法实施的情况，可通过文件升版或技术改造予以完善。

根据国家核安全局发布的设备可靠性数据报告，统计国内各核电厂报送的设备可靠性数据，应急柴油发电机组共发生启动失效 79 次，总需求次数 14 252 次，运转失效 23 次，总运行时间 18 774 h。估算得出我国应急柴油发电机组启动失效概率 5.54×10^{-3}，运行失效率 1.23×10^{-3}/h，与国际通用数据水平相当，且满足 RG1.155 和 NB/T20066—2012 中 EDG 平均可靠度指标（0.975）。本书分别统计不同供货厂家的国内核电厂应急柴油发电机组可靠性数据，国产应急柴油发电机组启动失效 26 次，总需求次数 2 915 次，运转失效 10 次，总运行时间 4 482 h。估算得到启动失效概率 8.92×10^{-3}，运行失效率 2.23×10^{-3}/h，略逊于进口应急柴油发电机组失效数据，但仍然满足 RG1.155 和 NB/T 20066—2012 中 EDG 平均可靠度指标（0.975）。对我国核电厂应急柴油发电机组月度试验启动模式采取慢启动定期试验和快启动定期试验的可靠性数据分别进行统计，相关统计结果表明尽管可能存在一定的不确定性，但执行慢启动月度试验的 EDG 可靠性水平远高于执行快启动月度试验的 EDG。

此外，由于中广核集团所有运行机组以及中核集团 60 万 kW 机组，在换料大修期间不开展负载持续性试验等系统运行试验，而仅执行 1～2 h 的满功率试验，其 EDG 运行可靠性数据难以准确反映设备的实际性能。剔除以上机组，统计其他核电机组 EDG 运行可靠性与国际通用数据水平相当。

统计国内各核电厂近五年内应急柴油发电机组启动运行试验一次合格率和满功率运行试验一次合格率，分别为 98.28% 和 95.35%，其中柴油机仪控系统和辅助系统故障为主要故障来源。统计国内各核电厂近 5 年内功率运行期间因 EDG 故障共进入技术规格书运行限制条件 150 次。2017 年某核电厂 4 号机组曾发生因 EDG 不可用超过允许修复时间而停堆后撤事件，近 5 年未发生因 EDG 故障导致非计划停堆事件。虽然统计到的 EDG 运行失效数据较少，但其对风险贡献较大，部分核电厂曾出现应急交流电源系统 MSPI 指标进入白区的情况，营运单位均进行了响应和跟踪处理。

总的来看，我国核电厂应急柴油发电机组可靠性水平与国际水平相当，满足相关法规标准要求，其性能能够保证在任何预计运行事件或设计基准事故下丧失厂外电源时提供动力的要求。在我国运行核电厂发生的共 15 起丧失厂外电事故中，均至少有 1 台 EDG 成功启动带载，未曾发生全厂断电事故。

10.2　关于应急柴油发电机组可靠性提升的改进建议

10.2.1　优化 EDG 定期试验项目全面验证安全功能

与 IEEE 387—1995 及 NB/T 20485—2018 相比，国内多数核电厂应急柴油发电机组定期试验项目对 EDG 应对工况的验证不充分，月度低负荷带载快速启动试验也加速了 EDG 的老化。

建议各核电厂营运单位严格按照 NB/T 20485—2018 要求，结合自身应急柴油发电机组设计特性，补充和优化定期试验项目，全面验证 EDG 应对设计工况和持续运行的能力。此外，针对频繁的月度快启动试验加速 EDG 的老化和导致可靠性下降的问题，建议营运单位优化 EDG 可用性试验的启动方式，未设置慢启动功能的 EDG 以怠速启动的方式开展月度试验，以改善 EDG 性能。

10.2.2　规范 EDG 启动和运行失败的判断准则

在国内实践中，当柴油发电机组在试验过程中发生故障时，试验人员通常通过短时间内多次重复启动，来识别和确认故障的情况。若短时间内再次启动成功，则认为启动成功，EDG 性能无异常。这时很可能忽略了试验过程中已发生的故障，不能完整记录故障信息，对 EDG 的可靠性评价造成干扰。

建议营运单位严格按照 NB/T 20066—2012 附录 A "鉴别应急柴油发电机组启动和运行成功或失败的准则"进行 EDG 失效判定，并完整、规范记录试验所有故障信息，采集真实可信的运行数据，科学精准地评价柴油发电机组可靠性。

10.2.3　完善非能动核电厂备用柴油发电机组的运行管理要求

非能动核电厂配备非安全级的备用柴油发电机组和相应的能动系统作为非能动系统失效的补充，其安全重要度不容忽视。虽然产品型号规格相同，但国内核电厂 SDG 实际性能表现更弱于 EDG。

NRC 发布的《关于非能动核电厂设计中非安全相关系统管理方法的政策和技术专题》(RTNSS) 以及国家核安全局发布的《CAP 系列核电厂审评原则》都对 SDG 等非安全级重要物项的可用性和可靠性提出要求。

建议国内 CAP 系列核电厂进一步完善运行管理要求，制定 SDG 可用性不满足时有效的纠正行动措施，并考虑增设整机备件以提高 SDG 的可用性。同时，还可通过核电厂配置风险管理体系管控风险，以保障机组运行安全。

10.2.4　开展基于性能的柴油发电机组运维策略优化研究

建议相关单位采集国内不同设备供应商不同型号柴油发电机组的启动运行数据、设备失效信息以及定期试验和维修记录等，进行数据分析和经验反馈，建立我国核电厂柴油发电机组性能数据库。

基于柴油发电机组性能数据，开展基于性能的柴油发电机组运维策略优化研究，包括研究改进柴油发电机组维修有效性的策略和技术；研究快启动和慢启动方式对柴油发电机组性能的影响；开展国内柴油发电机组实施在线维修的合理性和可行性研究等。

建议相关单位研究建立多维度分级分类的性能指标体系及行动矩阵，全面准确评价柴油发电机组性能变化对核电厂安全的影响，采取相应的监测预警和响应行动。

10.2.5　加强应急柴油发电机异常和技术改进的经验反馈

针对国内 EDG 异常事件多发，尤其是气缸套磨损的共性问题，调速器、继电器、柴油机主机零部件、泵、阀门和监测装置等零部件故障率较高的现状，建议营运单位加强应急柴油发电机组运维管理和性能监督，持续开展运行经验反馈工作。此外，各集团公司和营运单位可积极与应急柴油发电机组厂家、国内外同型号柴油发电机组用户建立信息渠道，及时获取设备缺陷共性问题，采取针对性改进措施。

此外，对于应急柴油发电机组返厂检修或故障导致不可用时间过长的问题，建议核电厂营运单位主动开展风险研判，提前采购战略备件并采取必要的技术改造。

10.2.6　推动关键部件自主研发，提升国产 EDG 可靠性

随着核电机组国产化率不断提高，国产柴油发电机组的占比越来越高，但曲轴等关键机械部件以及电子调速器等核心仪控部件尚未实现国产化，设备成套供应商自主研发和技术迭代进展缓慢。

建议相关单位充分利用行业资源，加强行业间技术协作，加快应急柴油发电机组核心部件的自主研发攻关，实现 EDG 全部国产化。推动设备成套供应商的设计优化和工艺改进，有效解决应急柴油发电机组突出问题，提升国产 EDG 的可靠性。